W0275291

Für Uta

Klaus Jacob

Entfesselte Gewalten

Stürme, Erdbeben und andere Naturkatastrophen

Springer Basel AG

Bildrechte: Wir haben uns bemüht, wo immer möglich, von den Rechtsinhabern Abdruckgenehmigungen einzuholen. In einigen Fällen konnten Rechtsinhaber leider nicht ausfindig gemacht werden, wofür wir um Entschuldigung bitten.

Die Deutsche Bibliothek – CIP-Einheitsaufnahme

Jacob, Klaus:
Entfesselte Gewalten : Stürme, Erdbeben und andere Naturkatastrophen / Klaus Jacob. – Basel ; Boston ; Berlin : Birkhäuser, 1995
ISBN 978-3-0348-5688-1

Ursprünglich erschienen bei Birkhäuser Verlag, Postfach 133, CH-4010 Basel, Schweiz 1995
Softcover reprint of the hardcover 1st edition 1995
Umschlaggestaltung: Matlik und Schelenz, Essenheim
Gedruckt auf säurefreiem Papier, hergestellt aus chlorfrei gebleichtem Zellstoff

ISBN 978-3-0348-5688-1 ISBN 978-3-0348-5687-4 (eBook)
DOI 10.1007/978-3-0348-5687-4

9 8 7 6 5 4 3 2 1

Inhaltsübersicht

Vorwort

Immer wieder stürzen Naturkatastrophen Menschen in Not und Elend. Sie zerstören Häuser und Städte, verursachen Hunger und Seuchen. Bei Erdbeben und Überschwemmungen, Stürmen und Vulkanausbrüchen starben in diesem Jahrhundert weltweit rund vier Millionen Menschen; das sind mehr als 40000 Tote pro Jahr. Die Schäden sind erheblich. Allein 1993 addierten sie sich auf rund 50 Milliarden Dollar.

Aber auch das ist Realität: An der Malaria sterben nach einer Schätzung der Weltgesundheitsorganisation jedes Jahr ein bis zwei Millionen Menschen, so viele wie in einem halben Jahrhundert bei Naturkatastrophen. Der volkswirtschaftliche Schaden, der durch Alkoholismus allein in Deutschland entsteht, beträgt nach Ansicht der «Deutschen Hauptstelle gegen die Suchtgefahren» rund 80 Milliarden Mark. Im Straßenverkehr sterben jedes Jahr weltweit rund 250000 Menschen, allein in Deutschland mehr als 10000. Auch die Kriminalität übertrifft die Schrecken der Natur um ein Vielfaches: In Deutschland wurden 1992 rund 150000 Menschen Opfer von Gewalttaten, von Körperverletzung, Raub, Vergewaltigung, Mord oder Totschlag.

Der Vergleich soll Naturkatastrophen nicht verharmlosen. Aber er hilft, ihre Bedeutung richtig einzuschätzen. Tatsächlich sind Naturkatastrophen aus wissenschaftlicher Sicht ein notwendiges Übel, denn sie gehören zu einer Dynamik, die unseren Planeten erst bewohnbar macht. Ohne die vielfältigen – bisweilen explosiven – Strömungen in der Luft, im Wasser und im Erdinnern wäre die Erde öde und unbelebt. In der Atmosphäre sorgt der

Wind, der manchmal zum Orkan anschwillt, für den lebensnotwendigen Transport. In einem ständigen Kreislauf verteilt er Sonnenwärme und Wasser über weite Gebiete, kühlt heiße Zonen, wärmt die Polarregionen und schleppt Regenwolken vom Meer tief ins Binnenland.

Auch das Innere der Erde pulsiert. Riesige Walzen aus heißem, plastischem Gestein treiben die Kontinente über den Erdball, lassen riesige Gebirge wachsen, Vulkane ausbrechen und große Gesteinspakete ins Erdinnere versinken. Das Leben profitiert von dieser Dynamik, denn durch sie gelangen frische Nährstoffe in den Kreislauf der Natur. Die fruchtbarsten Felder liegen in der Umgebung von aktiven Vulkanen, wo ausgeworfene Asche den Boden düngt. Aus jungen Gebirgen schwemmt die Erosion lebenswichtige Mineralien in die Täler und Ebenen. Ohne die gestaltenden Kräfte des Erdinnern würde sich das abwechslungsreiche Relief der Erdoberfläche über kurz oder lang in eine topfebene, ausgelaugte Landschaft verwandeln, auf der nur kümmerliches Leben gedeiht.

Doch die Dynamik der Erde verläuft nicht kontinuierlich, sondern in kleinen und großen Sprüngen. In der Atmosphäre haben diese Unstetigkeiten die zerstörerische Form von Hurrikanen, Tornados und Gewittern; im Erdkörper sind es Erdbeben und Vulkanausbrüche. Der Mensch muß sich wohl oder übel mit dem Chaos arrangieren. In meinem Buch geht es um die Ursachen dieser Naturkräfte und um die Möglichkeiten, sich davor zu schützen, um Vorsorge und Vorhersage. Und ich möchte zeigen, wo der Mensch die Gefahren mutwillig oder gedankenlos schürt und wo er das Unglück regelrecht herausfordert.

Katastrophen sind immer auch Sensationen. Jedes Desaster, ob Vulkanausbruch, Erdbeben oder Hochwasser, lockt Scharen von Gaffern an, die Zufahrtswege blockieren und Rettungsarbeiten stören. Ganz Verwegene jagen sogar Tornados hinterher oder lassen sich von Tsunami-Warnungen zu einer Spritztour an die Küste animieren, um von einem Logenplatz das Heranrollen der schrecklichen Flutwellen zu beobachten. Wer dieses Buch zur Hand nimmt, um solche kalten Schauer zu genießen, der wird enttäuscht sein.

Noch ein Tip: Die einzelnen Kapitel sind in sich abgeschlossen, so daß der Leser bei der Reihenfolge der Lektüre freie Hand hat.

Nicht zuletzt möchte ich mich bei allen bedanken, die mir mit anregenden und kritischen Gedanken beim Verfassen des Buches zur Seite gestanden haben, vor allem bei Rüdiger Braun, Spezialist für Flußauen beim WWF-Auen-Institut, Dr. Horst Walter Christ, Forschungskoordinator beim Deutschen Wetterdienst, Wolfram Knapp, Astronomie-Experte bei Bild der Wissenschaft, Prof. Rolf Schick, Vulkanologe an der Universität Stuttgart sowie dem Seismologen Prof. Jochen Zschau, Direktor am Geoforschungszentrum Potsdam. Und bei dem Meteorologen Dr. Gerhard Berz von der Münchener Rückversicherung, der mir mit viel Engagement bei der Fotobeschaffung geholfen hat. Vor allem aber hat Dr. Uta Altmann mit Anregungen und zahlreichen Diskussionen zum Gelingen des Buchs beigetragen.

Stuttgart, im Dezember 1994

Kapitel 1
Bilanz des Schreckens

Naturkatastrophen verschlingen Milliarden-Werte

Für die internationale Versicherungswirtschaft begann das Jahr 1990 mit schlechten Nachrichten. Innerhalb von nur 20 Tagen, von Ende Januar bis Mitte Februar, fegten sechs Orkane über Mitteleuropa hinweg und wüteten wie Furien, vor allem in Großbritannien. Damit nicht genug. Ende Februar zogen drei weitere schwere Stürme vom Atlantik nach Südwesten, bis nach Süddeutschland, Österreich und in die Schweiz. Die Namen von zweien, «Vivian» und «Wiebke», werden viele Menschen so bald nicht vergessen. Die Orkane erreichten in Böen Geschwindigkeiten von fast 200 Stundenkilometern, was in diesen gemäßigten Breiten äußerst selten ist.

Die Bilanz des stürmischen Jahresbeginns war niederschmetternd: Das Gebiet der Zerstörung reichte von Skandinavien bis Österreich, von Westfrankreich bis nach Polen. In Deutschland wurden vor allem die Wälder übel zugerichtet. Sie waren ohnehin schon vom sauren Regen gezeichnet und gegen solche Urgewalten nicht gewappnet. Der Sturm fräste breite Schneisen in die Forste, stanzte Lichtungen heraus: Insgesamt 20 Millionen Bäume fielen um. Es dauerte Monate, bis das Chaos halbwegs beseitigt war.

Doch die Probleme hörten damit nicht auf. Rund 60 Millionen Festmeter Holz lagen am Boden – eine Menge, die sonst innerhalb von zwei Jahren geschlagen wird. Der Holzmarkt geriet völlig durcheinander, der Preis für den Festmeter Fichtenstammholz purzelte von 200 auf 60 Mark. Damit das unverkaufte Sturmholz nicht verdarb, mußte es ständig feucht gehalten werden, viele Monate lang. Unzählige Stämme landeten in Kiesgruben, wo sie als gigantische Flöße auf dem Wasser trieben. Auch auf Wiesen stapelten sich die geknickten Riesen. Große Rasensprenger beregneten das hochaufgeschichtete Holz – bis es Moos ansetzte und Gras darüber wuchs.

Die Versicherungen mußten für den Kahlschlag tief in die Tresore greifen, denn erstmals wurde bei einer Naturkatastrophe die Zehn-Milliarden-Dollar-Grenze überschritten. Dabei waren nicht einmal alle Schäden versichert. Insgesamt erlitt die europäische Volkswirtschaft Einbußen von rund 15 Milliarden Dollar, das sind mehr als 25 Milliarden Mark. Allein in Deutschland beliefen sich die Verluste auf 7,1 Milliarden Mark, in Großbritannien auf 8,2 Milliarden.

Als wäre mit diesem Rekord ein Damm gebrochen, häuften sich in den kommenden Jahren die sogenannten Jahrhundert-Katastrophen:

- Im Sommer 1991 wurden in China weite Landstriche überschwemmt. Bilanz: 3074 Tote und 15 Milliarden Dollar Schaden.
- Ein Jahr später sorgte der Hurrikan «Andrew», der über Florida hinwegfegte, für einen neuen makabren Rekord: Das Desaster kostete die Volkswirtschaft 30 Milliarden Dollar.
- Im Juli und August 1993 trat der Mississippi über die Ufer und zerstörte Werte von rund 12 Milliarden Dollar.
- Am 17. Januar 1994 bebte in Los Angeles die Erde. Schaden: rund 30 Milliarden Dollar.
- Am 17. Januar 1995 erschütterte ein Erdbeben der Stärke 7,2 die japanische Hafenstadt Kobe. Geschätzter Sachschaden: 60 Milliarden Dollar.

Die Natur schlägt immer härter zu, kommt die Menschen immer teurer zu stehen. Die Münchener Rückversicherung, die weltweit größte Versicherung der Versicherungen, beobachtet den Trend mit Sorge. Im Jahr 1993 hat sie rund 600 Naturkatastrophen gezählt, fast 100 mehr als im Vorjahr und 200 mehr als 1991. Die angerichteten Schäden summierten sich auf insgesamt rund 50

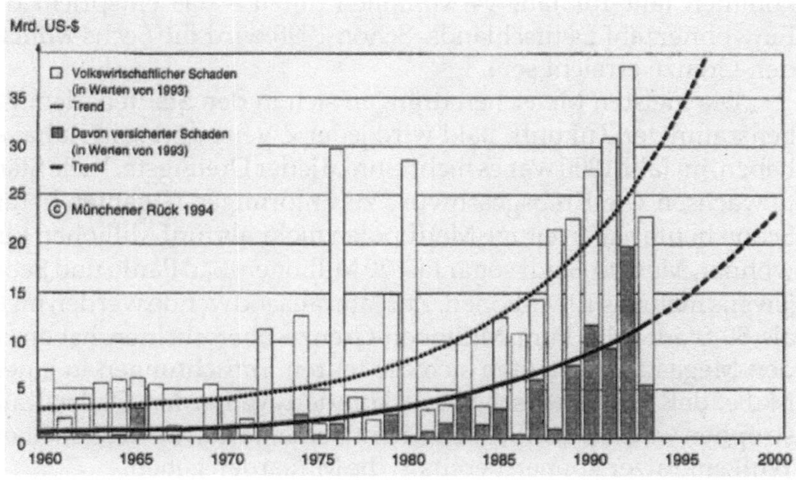

Abbildung 1
Volkswirtschaftliche und versicherte Schäden durch große Naturkatastrophen von 1960 bis 1993.

Milliarden Dollar. Allein die großen Katastrophen – das sind Desaster, die nationale und internationale Hilfe nötig machen, weil die betroffenen Regionen alleine damit nicht fertig werden – zerstörten Werte von rund 23 Milliarden Dollar. In den sechziger Jahren waren es dagegen durchschnittlich – inflationsbereinigt – nur rund 4 Milliarden Dollar pro Jahr, in den Achtzigern 12 Milliarden. Die Schadenshöhe steigt ständig, seit Mitte der achtziger Jahre sogar rasant. Auch die Zahl der Opfer nimmt zu, nach einer UNO-Studie seit 1963 um jährlich sechs Prozent.

Die fatale Entwicklung hat mehrere Gründe. Vor allem leben die Menschen immer dichter zusammen und häufen Jahr für Jahr mehr Reichtümer an. Wo immer Naturgewalten wüten, zerstören sie teure Einrichtungen: Brücken und Häuser, Fabriken und Häfen, Verkehrswege, Versorgungsleitungen und Flughäfen, samt dem ganzen technischen Inventar. Ob ein Hurrikan tobt oder die Erde bebt, fast immer trifft das Unglück Tausende von Menschen. Das Bevölkerungswachstum, Maßstab für diese Tendenz, legt ein erschreckendes Tempo vor: Lebten 1960 noch rund 3 Milliarden Menschen auf der Erde, so waren es 1994 mehr als 5,6 Milliarden. Nach Angaben des Bevölkerungsfonds der Vereinten Nationen kommen Jahr für Jahr 94 Millionen hinzu – das entspricht der Einwohnerzahl Deutschlands. Schon 1998 wird die Sechs-Milliarden-Grenze erreicht sein.

Die meisten Menschen drängen sich in den Städten, dem Lebensraum der Zukunft. Bald wird jeder Zweite dort sein Zuhause haben, im Jahr 1800 war es nicht einmal jeder Dreißigste. Viele Städte wachsen wie Krebsgeschwüre zu unförmigen Giganten heran. Schon heute haben einige Metropolen mehr als fünf Millionen Einwohner, Mexiko-Stadt sogar fast 20 Millionen, São Paulo und Seoul jeweils mehr als 10 Millionen. Zur Jahrtausendwende werden mehr als 50 Städte die Fünf-Millionen-Grenze überschritten haben. In den Megastädten häufen sich die teuren Einrichtungen in einem Maße, daß Fachleute schon vor Hundert-Milliarden-Dollar-Katastrophen warnen. Die Schäden an nur einem Kraftwerk oder einem Wolkenkratzer können bereits in die Milliarden gehen.

Architekten und Stadtplaner leisten dem teuren Desaster Vorschub. Im Vertrauen auf ihr eigenes Können machen sie vor keinem Ort halt und bebauen selbst Gegenden, die immer wieder von Naturgewalten heimgesucht werden. Auf Lawinenhängen, wo ortskundige Bauern früher nicht einmal eine Scheune hingestellt hätten, drängen sich inzwischen Bettenburgen für Ski-Urlauber. Auch hübsche Palmenstrände in der Südsee, über die immer wieder Hurrikane fegen, dienen dem Tourismus. Meist stehen die Hotels unmittelbar am Wasser, dem gefährlichsten Ort, weil dort neben dem Sturm auch die anbrandende See tiefe Breschen schlägt. Auf vielen Nordsee-Inseln bietet sich das gleiche Bild: Ortschaften schieben sich immer näher an den Strand – obwohl Sturmfluten den Baugrund gnadenlos abhobeln. Und wo Flüsse früher Jahr für Jahr über die Ufer traten und weite Seen bildeten, stehen heute Bauernhöfe und Siedlungen. Selbst in brisanten Erd-

Abbildung 2
Wachstum der Weltbevölkerung von 400 vor Christus bis zur Jahresmitte 1994 in Millionen.

bebengebieten wird eifrig gebaut, entstehen Wolkenkratzer, Atomkraftwerke und Wohnhäuser. Auf der San-Andreas-Störung in Kalifornien, einem der tückischsten Erdbebengebiete, schießen jedes Jahr Dutzende neuer Wohnviertel aus dem Boden.

Noch vor einem halben Jahrhundert waren viele dieser Orte für eine Besiedelung tabu. Aber wirtschaftlicher Aufschwung und technischer Fortschritt machen übermütig, lassen für die Erfahrungen vieler Generationen keinen Platz. Längst suchen Ölmultis sogar in der offenen See nach dem Schwarzen Gold, plazieren ihre milliardenteuren Bohrinseln mitten in Orkan-Gebiete wie den Golf von Mexiko, wo immer wieder 200-Stundenkilometer-Stürme haushohe Brecher auftürmen. Auch die stürmische Nordsee haben sie für sich erschlossen. Auf dem Festland ist es nicht anders: Der Standort von Fabriken und Kraftwerken richtet sich mehr nach dem Wasserbedarf als nach möglichen Gefahren durch Naturgewalten. Küsten und Flußufer sind besonders begehrt – Über-

schwemmungen werden nicht länger als Gottesstrafe gefürchtet, sondern als Lastfall kalkuliert. Bis zum Jahr 2000 werden voraussichtlich siebzig Prozent aller US-Bürger weniger als 200 Kilometer von der Küste entfernt wohnen.

Die Arroganz der Technik hat einen guten Grund: Stahl und Beton trotzen immer wirkungsvoller den Urgewalten. Ingenieure können inzwischen Häuser und Brücken bauen, die selbst starken Erdbeben widerstehen. Längs der Flüsse halten klobige Dämme die Hochwasserwellen im Zaum. In unberührter Hochgebirgsidylle krallen sich kantige Lawinenzäune in den Fels, damit der Schnee erst gar nicht ins Rutschen kommt. Gegen Sturmfluten schützen endlose Deiche und machen sogar – wie in Holland – Küstenstriche nutzbar, die unter dem Meeresniveau liegen. Auch gegen den Sturm ist inzwischen eine Technik gewachsen: An massiven Stahlbeton-Bauten beißt sich fast jede Bö die Zähne aus. Der Schutz, so scheint es, ist nur noch eine Frage der Kosten.

Das ist allerdings ein Trugschluß, denn selbst die ausgeklügeltsten technischen Errungenschaften bieten keine absolute Sicherheit. Sie schützen zwar vor mäßig starken Naturgewalten, aber bei den sogenannten Jahrhundertereignissen, die längst nicht mehr nur alle hundert Jahre zuschlagen, versagen sie – und die angerichteten Schäden sind um so verheerender. Trotz der Milliardenschäden, die sich in den letzten Jahren häufen, bleibt die Zahl der Toten zum Glück meist gering. Die Menschen, so scheint es, kommen relativ glimpflich davon – zumindest in den reichen Industrienationen. Auch das ist ein Verdienst von Wissenschaftlern und Technikern, denen es mit großem Aufwand immer besser gelingt, nahendes Unheil vorherzusagen. Kam das Unglück im letzten Jahrhundert noch aus heiterem Himmel, so können sich die Menschen inzwischen vorbereiten, können im Keller Schutz suchen oder mit dem Auto davonfahren.

Satelliten-Sensoren entdecken einen tropischen Wirbelsturm schon, wenn er weit draußen auf offener See aus einem harmlosen Tiefdruckgebiet geboren wird. Meteorologen berechnen dann unverzüglich seine Zugrichtung und können die Küstenbewohner schon Tage vor der Katastrophe warnen. Auch Sturmfluten an den Küsten und Hochwasser in den Flußtälern lassen sich recht präzise vorhersagen. Als Ende 1993 die Kölner Altstadt unter Wasser stand, sagten die Experten den Wasserstand des Rheins für den kommenden Tag stets auf den Zentimeter genau voraus. Auch das Deutsche Hydrographische Institut verschätzt sich nur um wenige Zentimeter, wenn es die Hamburger vor einer Sturmflut warnt.

Radio und Fernsehen sorgen für eine rasche Verbreitung der Warnungen. Das High-Tech-Land Japan hat die Kommunikationswege auf Rekordmaß verkürzt: Sobald dort ein Seebeben das Meer aufwühlt und eine Flutwelle auf die Küste zurast, sind Fernsehanstalten life dabei. Schon Minuten nach den Erdstößen gehen Moderatoren auf Sendung, markieren auf bunten Landkarten die gefährdeten Küstenabschnitte und geben durch, wann eine Ortschaft mit dem Auflaufen des Hochwassers rechnen muß – auf die Minute genau. Als handele es sich um Ankunftszeiten von Bundesbahnzügen, melden sie den Fahrplan der Katastrophe. Hier leistet Reality-TV einmal einen sinnvollen Beitrag.

Für die armen Länder in der Dritten Welt gilt das alles nicht. Dort laufen viele Warnungen – wenn sie überhaupt gegeben werden – ins Leere, weil sie zu spät bei den bedrohten Menschen ankommen. Radio und Fernseher stehen dort noch längst nicht in jeder Wohnung. Und für teure Schutzbauten wie Dämme oder erdbebensichere Häuser fehlt meist das Geld.

Wenn über Bangladesh wieder einmal ein Wirbelsturm zieht, sterben Tausende, manchmal sogar Hunderttausende von Menschen. An den flachen Küsten im riesigen Delta von Ganges und Brahmaputra, wo sich die Ärmsten der Armen notdürftig eingerichtet haben, fallen die windschiefen Hütten wie Pappschachteln zusammen, wenn Sturm und Flut toben. Die wenigen festen Schutzbauten, die Hilfsorganisationen inzwischen errichtet haben, reichen bei weitem nicht aus. Als 1991 ein besonders schwerer Wirbelsturm über das Delta fegte, wurde die Ebene wieder einmal zur tödlichen Falle: Nach groben Schätzungen ertranken damals zwischen 200000 und 500000 Menschen. In dem kleinen Land, dessen Bevölkerung jährlich um drei Millionen zunimmt, lassen sich die Toten nicht einmal zählen.

Anderen Ländern ergeht es nicht besser. Schon ein mittleres Erdbeben der Stärke 6,4 auf der Richter-Skala, das am 30. September 1993 Teile Indiens erschüttert hat, kostete mehr als 10000 Menschen das Leben, verletzte 15000 und nahm 120000 ihr Obdach. Bei einem weit stärkeren Beben (Richter-Magnitude 7,5) in Japan am 15. Januar 1993 starben dagegen nur zwei Menschen. Die stabileren Gebäude konnten den Stößen viel besser widerstehen. Naturgefahren haben ein krasses Nord-Süd-Gefälle – nicht anders als die Lebenserwartung oder die medizinische Versorgung. Dem armen Süden geht es ans nackte Leben, während der reiche Norden nur um seinen Wohlstand bangen muß. Nach einer Statistik von 1993 stammen 76 Prozent aller Menschen, die zwischen 1960 und 1980 bei Naturkatastrophen umgekommen sind, aus Staaten mit niedrigem Bruttosozialprodukt, 23 Prozent aus Schwellenländern und nur ein Prozent aus den reichen Industrienationen.

An diesem Ungleichgewicht wird sich wohl so bald nichts ändern, denn die Kluft zwischen Arm und Reich wächst noch immer. Ende der achtziger Jahre fielen sogar vierzig Länder, vor allem solche in Schwarzafrika, hinter das Entwicklungsniveau zurück, das sie bereits 25 Jahre zuvor erreicht hatten. Die Vereinten Nationen rechnen in ihrem «Human Development Report 1992» vor, daß die reichen zwanzig Prozent der Weltbevölkerung mehr als 150mal soviel verdienen wie die ärmsten zwanzig Prozent – mit steigender Tendenz. Rund 1,1 Milliarden Menschen mußten sich 1992 mit einem jährlichen Einkommen von weniger als 370 Dollar zufriedengeben, waren nach einer Definition der Weltbank arm. Fünf Jahre zuvor waren es erst eine Milliarde. Die Habenichtse, die täglich um ihr Essen kämpfen müssen und nicht einmal einen Arzt bezahlen können, haben andere Sorgen, als sich gegen Erdbeben oder Überschwemmungen zu wappnen.

So ist zu befürchten, daß Naturkatastrophen auch in Zukunft mit zweierlei Maß zuschlagen. Wie im Jahr 1993: Bei Überschwemmungen in Europa starben im Dezember zehn Menschen, die Schäden summierten sich auf rund zwei Milliarden Dollar. Fünf Monate zuvor traten in Nepal die Flüsse über die Ufer: 3000 Tote, 100 Millionen Dollar Schaden. Die relativ geringe Schadenshöhe in dem Himalaya-Staat verdunkelt sogar das wahre Ausmaß der Katastrophe. Das Hochwasser verschlang fast 3 Prozent des Bruttosozialprodukts, während es in Europa weit weniger als 0,1 Prozent waren. Entwicklungsländer zahlen nicht nur einen hohen Blutzoll, sie geraten obendrein immer wieder an den Rand des wirtschaftlichen Ruins.

Freilich ist auch in den reichen Länder die Katastrophenvorsorge noch nicht optimal. Hier kann das erworbene Know-how mitunter nicht greifen, weil Bauvorschriften veraltet sind oder nicht konsequent angewandt werden. Beim Erdbeben in San Francisco im Oktober 1989 stürzte eine doppelstöckige Stadtautobahn auf einer Länge von zwei Kilometern ein, obwohl Experten lange vorher dringend eine Nachbesserung der veralteten Konstruktion gefordert hatten. In vielen Ländern, ob Rumänien, der Türkei oder Griechenland, fallen immer wieder Häuser zusammen, weil Handwerker nachlässig gearbeitet haben. Ein Erdbeben deckt Pfusch am Bau gnadenlos auf, läßt sich nicht – wie mancher Prüfingenieur – von kaschierenden Pinselstrichen täuschen. Oft sind es die Bewohner selbst, die an Beton und Stahl sparen. Viele Häuslebauer denken mehr an Kosten und Komfort als an Normen und Naturgefahren – solange die Behörden beide Augen zudrücken.

Nach einer Untersuchung der amerikanischen Entwicklungsbehörde (US-AID) von 1994 werden Naturkatastrophen in den kommenden zehn Jahren Schäden von rund 400 Milliarden Dollar anrichten. Viel von diesem Unheil könnte abgewendet werden, wenn für die Katastrophenvorbeugung mehr getan würde. Die US-AID-Experten haben berechnet, daß es rund 40 Milliarden Dollar kostet, um die Schutzeinrichtungen weltweit auf den Stand der Technik zu bringen. Der Aufwand würde sich lohnen, denn die Schäden ließen sich damit, so die Studie, um 280 Milliarden Dollar reduzieren.

Die Vereinten Nationen haben die Herausforderung angenommen und die neunziger Jahre zur «Internationalen Dekade für Katastrophenvorbeugung» erklärt. In einer gemeinsamen Anstrengung wollen Wissenschaftler und Politiker aller Länder das Problem anpacken. Dabei geht es vor allem darum, das vorhandene Wissen umzusetzen und armen Ländern mit Technologie und Katastrophenhilfe unter die Arme zu greifen. Geowissenschaftler sind dabei ebenso gefordert wie Meteorologen, Klimatologen, Meereskundler, Ingenieure, Soziologen, Psychologen und Experten der Versicherungswirtschaft.

Auch die Grundlagenforschung soll im Rahmen des Projekts gefördert werden. Seismologen untersuchen forciert, welche Vorgänge sich im Erdinnern abspielen, wenn die Erde bebt. Sie plazieren ganze Batterien von technischem Gerät in die Nähe von Erdbebenherden, um alle nur erdenklichen Daten zu sammeln. Sie wollen lernen, Erdbeben zuverlässig vorherzusagen – ein ehrgeiziges Ziel, von dem sie noch weit entfernt sind. Auch Vulkanausbrüche widersetzen sich bisher einer Vorhersage. Würden die Berge nicht selbst mit Grollen und Fauchen eine bevorstehende Explosion ankündigen, gäbe es viel mehr Tote. Geowissenschaftler stehen vor dem Problem, daß ihnen ihr Forschungsgegenstand, das Erdinnere, nicht unmittelbar zugänglich ist. Sie sind auf indirekte Beobachtungsmethoden angewiesen, müssen den Untergrund abhorchen wie ein Arzt die Lunge seines Patienten. Statt eines Stethoskops verwenden sie Seismometer, Gravimeter und andere Geräte. Bei der Interpretation der Daten, die ihnen die Apparate liefern, müssen sie sich auf Modelle und Annahmen stützen, statt auf den Augenschein.

Die Meteorologen haben es einfacher: Sie können ihr Medium, die Atmosphäre, unmittelbar beobachten. Rund um den Globus stehen ihre Instrumente: Thermometer, Barometer, Hygrometer, Windmesser. Aber auch sie haben ihr Metier noch längst nicht fest im Griff. Gerade die explosiven atmosphärischen Ereignisse wie Stürme, Gewitter und Regengüsse geben ihnen noch viele Rätsel auf. Supercomputer können zwar den Luftdruck, die Temperatur und den Wind für die kommenden Tage berechnen, nicht aber, wo und wann ein tropischer Wirbelsturm entsteht und welchen Weg er einschlagen wird. Ein Tornado, dieser tödliche Wirbel, entzieht sich sogar weitgehend der Beobachtung, weil er schon nach Minuten wieder verschwunden ist. Nur mit Glück und Ausdauer gelingt es Meteorologen manchmal, ihre Instrumente auf den rotierenden Luftschlauch zu richten.

Bei der Internationalen Dekade für Katastrophenvorbeugung geht es aber nicht nur um Vorhersage, sondern auch um Vorsorge. Vor allem sollen die Gefahrenzonen weltweit detailliert kartiert werden. Wenn Politiker wissen, wo Erdbeben, Stürme, Überschwemmungen, Flächenbrände oder Vulkanausbrüche drohen und wie stark die Katastrophe ausfallen wird, können sie die Planungen danach ausrichten. Sie haben die Möglichheit, eine Bebauung generell zu verbieten oder an bestimmte Bedingungen zu knüpfen. Und sie können in besonders brisanten Gebieten Überwachungs- und Warnsysteme installieren lassen.

All diese Anstrengungen schützen allerdings nicht vor einer weiteren Gefahr: dem Treibhauseffekt. Die drastische Zunahme an Treibhausgasen in der Atmosphäre läßt die Temperaturen weltweit steigen. Viele Experten befürchten, daß mit der Erwärmung die Unwetter angefacht werden, so daß immer mehr Menschen unter Stürmen, Dürren und Überschwemmungen werden leiden müssen. Nur die gemeinsame Anstrengung aller Länder – und mutige Politiker – können diese bedrohliche Entwicklung stoppen.

Kapitel 2

Atmosphärische Störungen

Die Wettermaschine gerät aus den Fugen

Eine ganz normale Woche im Juni 1994: Mitte des Monats toben im Süden Chinas schwere Unwetter. Die Tageszeitung «Die Welt» spricht von «den schlimmsten Regenfällen seit 50 Jahren». Fast 1000 Menschen sterben in den Fluten, weit über eine halbe Million Häuser werden zerstört, mehr als drei Millionen Hektar Ackerland überschwemmt. Der Schaden geht in die Milliarden. Zur gleichen Zeit leidet Pakistan unter drückender Hitze. Rund 150 Menschen kollabieren und sterben. Im Süden des Landes entgleist ein Zug, weil die Schienen sich bei 50 Grad Celsius verbogen haben.

Auch in den Vereinigten Staaten erklimmt das Thermometer Rekord-Höhen. Die Fußball-Weltmeisterschaft wird zur Hitzeschlacht, Journalisten berichten ausführlicher über das Wetter als über Tore. Die Zuschauer an den Fernsehschirmen können die Qualen der Sportler nachempfinden, denn auch in Deutschland fällt jeder Schritt schwer. Das Wochenende vom 25./26. Juni ist so heiß wie der ganze Sommer 1993 nicht – und doch nur ein erster Vorgeschmack auf den kommenden Jahrhundertsommer. Das Hoch «Zephir», erklärt der Deutsche Wetterdienst, lasse die Temperaturen um fast zehn Grad über den Mittelwert der vergangenen Jahre steigen.

An der Côte d'Azur entlädt sich die Hitze derweil in gewaltigen Gewitterschauern. Am Abend des 26. Juni fallen innerhalb von

Stunden bis zu 20 Zentimeter Regen – so viel wie nur einmal in fünfzig Jahren, wie die Meteorologen melden. Bäche und Flüsse verwandeln sich im Nu in reißende Wildwasser und verwüsten mehrere Dörfer. Der aufgeweichte Boden rutscht an vielen Hängen ab, poltert als Schuttlawine zu Tal und blockiert Gleise und Straßen.

Einen Tag später ist Kapstadt, auf der anderen Seite des Äquators, an der Reihe. Nach Stürmen und Überschwemmungen erklären die Behörden die südafrikanische Stadt zum Notstandsgebiet. Straßen haben sich in Flüsse verwandelt, es kommt zu zahlreichen Erdrutschen, die Temperaturen sinken schlagartig so tief, daß auf den Bergen Schnee fällt.

Eine ganz normale Woche? Die Medien jedenfalls haben kein großes Aufhebens von den Naturgewalten gemacht, die sich da entladen hatten. Sie ließen es meist bei kleinen Meldungen auf den vermischten Seiten bewenden. Unwetter und extreme Wetterlagen gehören offenbar bereits zum Alltag. Dabei muß eine Häufung meteorologischer Extreme, die auch im weiteren Verlauf des Jahres andauerte, nachdenklich stimmen. Ende Oktober 1994 etwa standen große Teile Athens unter Wasser, und Anfang November fielen in Italien innerhalb von wenigen Tagen bis zu 60 Zentimeter Regen und verwandelte Flüsse und Bäche in tobende Wildwasser, die unzählige Häuser fortspülten und zahlreiche Menschen töteten.

Stürme und Sturzregen, Überschwemmungen und Hangrutsche, Dürren und Hitzewellen – das Übel kommt stets von oben, aus der Atmosphäre. Gerade dort vollziehen sich aber derzeit gravierende Umwälzungen. Der Mensch dreht vehement an der Klimaschraube, verstärkt Jahr für Jahr den irdischen Treibhausschirm, so daß die Temperaturen weltweit steigen. Es liegt auf der Hand, daß ein rascher Klimawandel extreme Wetterlagen begünstigt, denn die eingestrahlte Wärme ist der Antrieb für alle Wetterkapriolen. Bei steigenden Temperaturen kommt die atmosphärische Dynamik immer mehr in Schwung. Experten streiten zwar noch, ob uns ein Katastrophen-Jahrhundert bevorsteht, oder ob alles halb so schlimm wird. Leider spricht vieles für eine wachsende Gefahr, die auch Deutschland bedrohen würde – weit schlimmer noch als mit einer sommerlichen Hitzewelle. Stürme wie Vivian und Wiebke, die 1990 in Westeuropa tobten, und Überschwemmungen wie zur Jahreswende 1993/94, als unzählige Gebäude unter Wasser standen, könnten die Vorboten für noch heftigere atmosphärische Eruptionen sein.

Einen Treibhauseffekt gab es auf der Erde freilich schon, bevor die Menschen in den Naturhaushalt eingriffen. Dafür sorgen einige Zutaten der Luft, die vom Gewicht her nicht der Rede wert sind. Sie machen nicht einmal ein Prozent der gesamten Atmosphäre aus. Zu ihnen gehören vor allem Kohlendioxid, Lachgas, Methan und Ozon, aber auch Wasserdampf. Die Gase lassen kurzwellige Sonnenstrahlung nahezu ungehindert passieren, halten aber die von der Erde abgegebene Wärmestrahlung zurück, so daß sich die bodennahen Luftschichten erwärmen. Sie wirken wie das Glas eines Gewächshauses. Ohne diesen natürlichen Schutz wäre es auf der Erde bitter kalt. Die Temperaturen würden um rund 30 Grad sinken, weit unter den Gefrierpunkt. Seen, Flüsse und Ozeane verwandelten sich in leblose Eiswüsten.

Seit der Industrialisierung wächst der Wärmeschild. Der Gehalt an Kohlendioxid, dem wichtigsten Treibhausgas, steigt mit erschreckendem Tempo. Lag er im achtzehnten Jahrhundert noch bei 280 ppm (0,028 Volumenprozent), so hat er 1992 bereits 357 ppm erreicht – ein Zuwachs von fast 28 Prozent innerhalb von nicht einmal zwei Jahrhunderten. Das Gas entsteht beim Verfeuern von Kohle, Öl und Gas. Pflanzen und Ozeane machen zwar einen erheblichen Teil davon wieder unschädlich, indem sie die Rückstände in Holz und Sedimenten binden. Sie können aber nicht die gesamte Menge verkraften. Immerhin strömen jährlich rund 20 Milliarden Tonnen Kohlendioxid aus Schloten und Auspuffen. Obendrein werden Jahr für Jahr rund 100000 Quadratkilometer Wald vernichtet, vor allem durch Brände. Statt die Luft zu reinigen, heizen die qualmenden Flächen den Treibhauseffekt zusätzlich an. So geht der Kohlendioxidgehalt weiter jährlich um ein halbes Prozent in die Höhe.

Zu den schlimmsten Umweltschändern gehören die Fluorchlorkohlenwasserstoffe (FCKW), die erst der Mensch in die Welt gesetzt hat. Nachdem Chemiker die Rezeptur zunächst als genialen Durchbruch feierten, ist der Ruf der vermeintlich harmlosen Kühl- und Schäummittel inzwischen gründlich ruiniert. Fluorchlorkohlenwasserstoffe haben sich vor allem als Ozon-Killer einen üblen Namen gemacht. Rings um die Pole reißen sie Ozonlöcher auf, durch die schädliche UV-Strahlung ungehindert bis zum

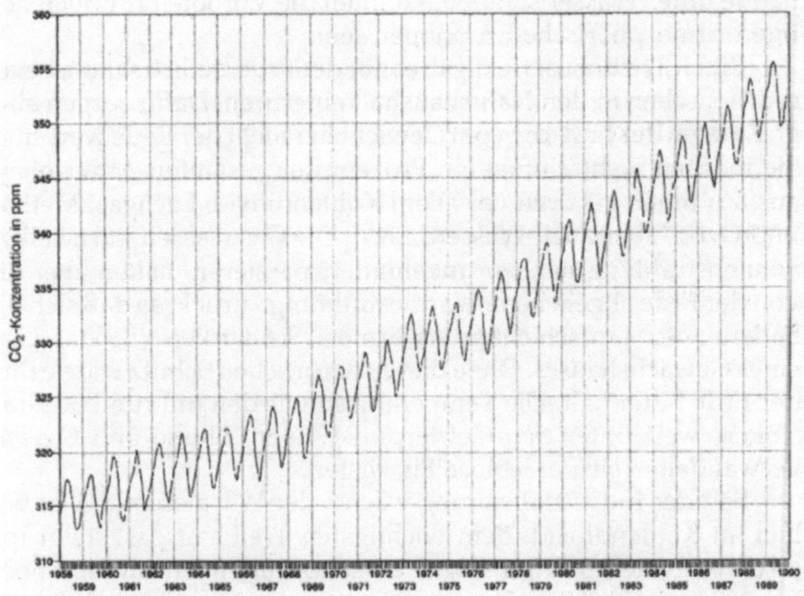

Abbildung 3
Veränderung des CO_2-Gehalts der Luft am Mauna-Loa-Observatorium auf Hawaii seit 1958.

Boden dringt. Was weniger bekannt ist: Sie gehören obendrein zu den schlimmsten Treibhausgasen, heizen die Atmosphäre vieltausendfach wirkungsvoller auf als Kohlendioxid. Trotz ihrer geringen Konzentration (0,001 ppm) haben sie einen Anteil von 17 Prozent am Treibhauseffekt, mehr als Methan (13 Prozent), das aus unzähligen Reisfeldern, Stallungen, Deponien, Kohlegruben und undichten Gasleitungen entweicht.

Auch der Methan-Gehalt geht rasant in die Höhe. Er hat sich seit der vorindustriellen Zeit mehr als verdoppelt. Mitte 1992 kam der Anstieg allerdings zum Stillstand, was sich die Wissenschaftler nicht recht erklären können. Manche suchen die Ursache in Rußland, wo viele Lecks in den Erdgasleitungen geflickt wurden. Die erfreuliche Entwicklung könnte aber rasch wieder kippen, wenn erst die sibirischen Dauerfrostböden auftauen. Im eisigen Norden schlummern riesige Mengen Methan. Schon heute beginnen die tiefgefrorenen Schollen weich zu werden.

Die Politiker haben die Gefahr, die sich in der Atmosphäre zusammenbraut, zwar zur Kenntnis genommen, doch sie reagieren nur halbherzig. Ihr Engagement gilt mehr dem wirtschaftlichen Aufschwung und pfiffigen Wahlkampfstrategien als Gefahren, die erst in kommenden Legislaturperioden zum Tragen kommen – zumal auch die Wähler nicht zum raschen Kurswechsel drängen. Die Menschen verzichten nicht gern auf gewohnte Bequemlichkeiten, auf das schnelle Auto oder den preiswerten Treibstoff, auf niedrige Strompreise oder praktische Einwegprodukte. So wirft niemand das Ruder herum. Die Staaten begnügen sich statt dessen mit kleinen Korrekturen, die das Problem nicht lösen.

Mit der UN-Klimakonvention, die 1992 in Rio unterzeichnet wurde, haben zwar mehr als 150 Staaten ihren guten Willen gezeigt, die Kohlendioxid-Emissionen auf dem Niveau von 1990 einzufrieren. Das Papier enthält aber weder bindende Verpflichtungen noch Fristen. Mit dem FCKW-Verbot vom November 1992, dem sich 91 Staaten angeschlossen haben, ist es immerhin gelungen, die Produktion eines Schadstoffs zu drosseln. Das mutige Versprechen der Bundesregierung von 1990, den Ausstoß von Kohlendioxid bis zum Jahr 2005 um mindestens 25 Prozent zu senken (bezogen auf die Emissionen im Jahr 1987), bleibt dagegen wohl leer. Bislang jedenfalls sind die Kohlendioxidmengen, die in die Luft geblasen werden, weiter angestiegen – zumindest in den alten Bundesländern. Nicht einmal zu einem Tempolimit konnte sich die Regierung durchringen.

Dabei ist rasches Handeln bitter nötig. Denn in der Atmosphäre werden die Treibhausgase nur sehr langsam abgebaut, die meisten erst nach 100 Jahren oder noch später. Selbst nach einem radikalen Schnitt, einem Stopp aller Emissionen von heute auf morgen, würden die verbliebenen Gase die Atmosphäre weiter aufheizen. Die Erde reagiert verzögert auf die künstliche Gasglokke: Spurengase, die heute in die Höhe steigen, bestimmen das Klima erst in 20 oder 25 Jahren. Unter den Sünden von heute müssen die folgenden Generationen leiden.

Was auf die Kinder und Enkel zukommt, versuchen Klimaforscher zu berechnen und setzen dafür die leistungsfähigsten Computer ein. Ihr Ergebnis: Die mittlere globale Temperatur wird bis zum Jahr 2100 um 2 bis 5 Grad ansteigen – ein gewaltiger Sprung, der nicht ohne gravierende Folgen für Vegetation, Landwirtschaft und Wetter bleiben kann. Klimazonen werden sich verschieben, so daß viele Bauern ihre Arbeitsweise gründlich umstellen müssen. Wo sie bislang Kartoffeln anbauen, müssen sie möglicherweise Mais einsähen. Wo Mais gedeiht, wächst vielleicht bald gar nichts mehr. Auch die wilde Natur gerät unter Streß. Sie muß das atemberaubende Tempo mithalten, das der atmosphärische Wandel vorlegt. Immerhin steigen die Temperaturen hundertmal schneller als beim Übergang von einer Eiszeit zur Warmzeit, wie Experten ihn rekonstruiert haben.

Erste Anzeichen der steilen Fieberkurve sind bereits spürbar: Das Thermometer ist in den vergangenen hundert Jahren im Mittel um 0,3 bis 0,6 Grad gestiegen, vor allem seit den achtziger Jahren schlägt das Jahresmittel immer häufiger nach oben aus. Die wärmsten Jahre seit 1860 waren 1990, 1991, 1988, 1983, 1987 und 1989. Auch das Jahr 1994 wird sicher in diese Rekord-Liste eingehen. Längst haben die Winter keinen Biß mehr, sind so milde wie seit Jahrhunderten nicht. Ski-Urlauber bekommen die Zehntelgrade zu spüren, wenn sie immer höher die Berge hinauf müssen, um ihrem Hobby frönen zu können.

Die Atmosphäre hätte sich sogar noch viel stärker aufgeheizt, wenn nicht die Ozeane als Puffer wirken würden. Ein großer Teil der zusätzlichen Sonnenenergie strömt in die großen Wassermassen, die – wie riesige Nachtspeicheröfen – die Wärme sammeln und erst nach vielen Jahren wieder abgeben oder in die Tiefe transportieren. Die oberen Wasserschichten der tropischen Meere sind während der letzten vierzig Jahre im Mittel um rund 0,4 Grad wärmer geworden, der Pazifik vor der südkalifornischen Küste sogar um 0,8 Grad. Bereits dieser geringe Zuwachs, den ein Schwimmer nicht einmal spürt, bringt die Elemente ordentlich durcheinander. Er bewirkt, daß mehr Wasser aus dem Meer verdunstet, so daß stärkere Regenfälle niedergehen und heftigere Stürme toben. Meeresströmungen transportieren das laue Naß in die Tiefe. Messungen im subtropischen Nordatlantik ergaben, daß sich das Wasser in Tiefen zwischen 800 und 2500 Meter in den vergangenen 35 Jahren bereits um bis zu 0,32 Grad aufgeheizt hat.

Hier schlummert eine weitere Gefahr. Denn Wasser dehnt sich beim Erwärmen aus, gewinnt an Volumen – und läßt den Wasserspiegel steigen. Jedes zusätzliche Grad hebt die Wasserlinie um mehrere Zentimeter. Die schmelzenden Gebirgs-Gletscher setzen

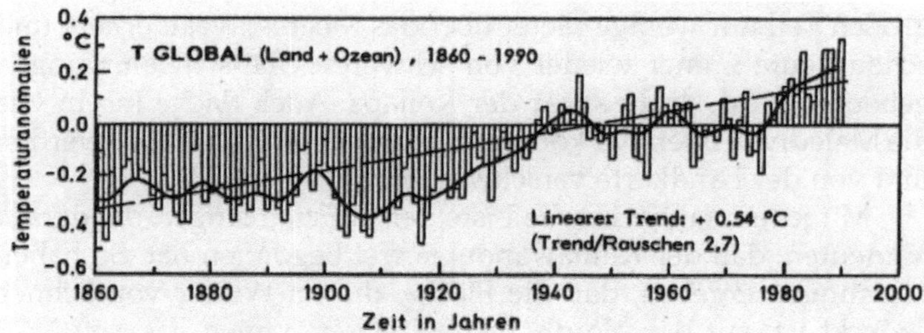

Abbildung 4
Veränderung der globalen Mitteltemperatur seit 1860.

noch eins drauf, treiben die Meere noch höher aufs Land. Weltweit tauen die weißen Riesen ab und rauschen als Schmelzwasser in die Ozeanbecken. In den Alpen ist seit 1950 bereits die Hälfte der Eismassen verschwunden. Die polaren Eiskappen halten den steigenden Temperaturen derzeit glücklicherweise noch stand. Lediglich der grönländische Eisschild schrumpft, während der antarktische sogar noch wächst. Nicht auszudenken, wenn auch diese Gletscher auftauen. Ein vollständiges Abschmelzen der kilometerdicken Eismassen würde den Meeresspiegel um 60 Meter heben – ein Alptraum. Millionenstädte wie New York, Tokio, Singapur oder Hamburg würden in den Fluten versinken, die Wolkenkratzer verwandelten sich in Wellenbrecher. Dänemark und Holland gäbe es nicht mehr, auch Berlin müßte evakuiert werden. Immerhin könnte Bonn als Hafenstadt zu neuer Größe heranwachsen.

Mit einem solchen Szenario ist vorerst nicht zu rechnen. Selbst wenn das Eis in der Arktis und Antarktis zu schmelzen beginnt, bleibt viel Zeit zur Vorsorge, denn der Rückzug der Gletscher wird sich voraussichtlich über Jahrtausende hinziehen. Aber das Meer ist längst auf dem Vormarsch. In den letzten hundert Jahren ist der Meeresspiegel bereits um 10 bis 20 Zentimeter gestiegen. Bis zum Jahr 2100, meinen Experten, werden es 50 bis 100 Zentimeter sein, vielleicht auch mehr. Dann werden viele Deiche nicht mehr genügend Sicherheit bieten. Länder, die nicht viel Geld in ihre Küstenbefestigungen stecken, müssen einen bitteren Tribut zollen. Sturmfluten können tief ins Land schwappen und ganze Küstenstriche fortschwemmen. Dem armen Bangladesh, das sich zum großen Teil nur wenige Meter über das Meeresniveau erhebt und schon heute immer wieder von schweren Überschwemmungen gebeutelt wird, droht sogar der Kollaps. Auch flache Inseln wie die Malediven oder Sylt könnten für immer unbewohnbar werden und von der Landkarte verschwinden.

Mit jedem Jahr wird die Liste der Indizien länger, die darauf hindeuten, daß der Klimawandel längst begonnen hat. So haben Messungen ergeben, daß die Fläche, die im Winter von Schnee bedeckt ist, auf der Nordhalbkugel abgenommen hat, seit 1973 um etwa 8 Prozent. In der Arktis sind die mittleren Temperaturen schon um 1,7 Grad gestiegen, in den Wintermonaten sogar um rund 4 Grad. Die Verdunstung über den tropischen Meeren hat seit 1949 um rund 20 Prozent zugenommen. In den Hochgebirgen steigt die Baumgrenze. Pflanzenforscher von der Universität Wien haben ermittelt, daß sich die Vegetationsgrenzen in den Hochlagen der Alpen um bis zu vier Meter pro Jahrzehnt nach oben verschieben. Pflanzenarten, die in den obersten, kargen Alpenregionen gedeihen, droht der Tod, weil sie von robusterem Grün verdrängt werden. Sogar die Zugvögel reagieren auf den Trend: Viele Kurzstreckenzieher bleiben inzwischen bis zu zehn Tage länger in Deutschland, ehe sie ins Winterquartier aufbrechen. Andere Vogelarten wie Amsel, Buchfink, Rotkehlchen oder Zaunkönig fliegen erst gar nicht mehr fort. Wulf Gatter von der Vogelstation Randecker Maar in der Schwäbischen Alb hat beobachtet, daß die Vögel sich innerhalb von nur zwei Jahrzehnten umgestellt haben.

Wie sich der klimatische Wandel auf Anzahl und Stärke der Unwetter auswirken wird, darüber gibt es bisher nur Spekulationen. Aber schon die groben Prognosen verheißen nichts Gutes. Das Deutsche Umweltministerium rechnet in seinem Nationalen Klimaschutzbericht von 1993 mit einer «Verstärkung der Gegensätze zwischen humiden und ariden Gebieten», also zwischen gemäßigten Zonen wie Mitteleuropa und trocken-heißen Gegenden wie Sahara und Sahel: «Als Folge davon können insbesondere in den Tropen und Subtropen extreme Ereignisse wie anhaltende Dürren im Wechsel mit Starkniederschlägen an Häufigkeit zunehmen.» Schon jetzt breitet sich die Sahara nach Süden aus, zumal die notleidenden Menschen in der Sahelzone auf der Suche nach Brennholz noch die letzten Bäume umhauen. Ein beschleunigtes

Vorrücken des Trockengürtels würde Millionen Menschen aus ihrer Heimat vertreiben und eine Völkerwanderung riesigen Ausmaßes in Gang setzen. Auch den Indern und Bangladeshi stehen Dürren ins Haus. Bleibt der Monsun, der sich dort ausgesprochen launisch gibt, mehrmals hintereinander aus, müssen unzählige Menschen verhungern. Die sporadischen Regengüsse, die dafür um so heftiger ausfielen, würden die Überschwemmungen verstärken, die schon jetzt katastrophale Ausmaße haben.

Der Treibhauseffekt wird, so ist zu befürchten, auch die Stürme verstärken. Vor allem während der klimatischen Übergangsphase – bis die Erde zu einem neuen, wärmeren Gleichgewicht gefunden hat – drohen heftige Eruptionen. Denn unter der Gasglocke erwärmt sich die Erde ungleichmäßig. Die Ozeane, die sich nur langsam aufheizen, hinken dem Trend um Jahrzehnte hinterher. Meeresgebiete wie der Nord-Atlantik, die immer wieder kräftig mit Tiefenwasser durchmischt werden, bleiben besonders lange kühl. So bauen sich in der Atmosphäre Temperaturunterschiede auf, die auf das Wettergeschehen wie Sprengstoff wirken. Die Lufthülle versucht, die Gegensätze auszugleichen – wenn's sein muß, mit Sturm und Hagel, Blitz und Donner.

Schon heute häufen sich die Unwetter. Überall auf der Welt wehen die Winde heftiger als noch vor 20 Jahren. In den Tropen hat die mittlere Windgeschwindigkeit um 20 Prozent aufgefrischt. Auch die gemäßigten Breiten kommen nicht ungeschoren davon. Zwischen 1988 und 1993 gab es an der deutschen Nordseeküste 18 schwere Sturmfluten, in den fünziger Jahre waren es nur 8. Seit zehn Jahren, hat der Berliner Meteorologe Holger Schinke nachgewiesen, wandern ungewöhnlich viele Sturmtiefs über den Nordatlantik und Europa hinweg. Das Barometer fällt dabei schier ins Bodenlose, am 10. Januar 1993 auf unter 915 Hektopaskal – ein Rekordwert. Vivian und Wiebke, so scheint es, werden keine Einzelfälle bleiben. Da die Tiefdruckgebiete mit ihren mächtigen Regenwolken während der Herbst- und Wintermonate entstehen, droht Europa eine weitere Gefahr: Der Klimaforscher Professor Hartmut Graßl warnt vor «ausgeprägten Winterhochwassern». Wegen der zunehmenden Erwärmung fällt der Niederschlag nicht mehr als Schnee, der monatelang auf den Berghängen liegenbleibt, sondern rauscht unverzüglich die Flüsse hinab. Was das bedeutet, wurde beim Weihnachtshochwasser von 1993 deutlich, als viele Städte an Rhein, Saar und Mosel unter Wasser standen.

Fast überall auf der Welt haben sich die Niederschläge seit 1950 verstärkt. Kein Wunder, denn bei steigenden Temperaturen kann die Atmosphäre mehr Wasserdampf aufnehmen. J. C. Knox hat Anfang 1993 in der Zeitschrift «Nature» nachgewiesen, daß schon minimale Temperaturveränderungen Überschwemmungen in der Mississippi-Ebene verursachen können. Nur wenige Monate später trat der Fluß tatsächlich über die Ufer und richtete verheerende Schäden an. Menschen, die an einem Fluß leben, müssen offenbar mit Überschwemmungen leben lernen. Sie bekommen auch zu spüren, daß immer mehr Wälder abgeholzt werden. Ohne den natürlichen Wasserspeicher rauscht das Wasser ungehindert zu Tal und erhöht die Hochwasserwellen. Vor allem Südamerika wird unter den Fluten zu leiden haben, denn dort verwandelt sich der üppige Regenwald nach einem Kahlschlag oft in eine brettharte Wüste, weil der unfruchtbare Boden schon nach wenigen Ernten ausgelaugt ist. Auch in Indien und China, wo an den Oberläufen der Flüsse mehr und mehr Wälder verschwinden, gewinnen Überschwemmungen an Brisanz. Aber auch die Länder im Süden Europas, Griechenland und Italien, haben die Zerstörungskraft der Wassermassen schon zu spüren bekommen.

An den tropischen Küsten kommt die Flut oft im Gefolge von Wirbelstürmen. Mit zunehmer Erwärmung der Erde dehnt sich der Herrschaftsraum dieser Orkane aus, so daß tropische Wirbelstürme immer weiter in die ehemals gemäßigten Zonen vordringen können, eines Tages vielleicht sogar bis nach Süd-Europa. Das Meer brütet die zerstörerischen Windungetüme nur dann aus, wenn seine obere Wasserschicht eine Temperatur von mindestens 27 Grad Celsius hat. Erst dann ist die Luft mit genügend Wasserdampf geschwängert, um den Wirbel in Schwung zu bringen. Je wärmer das Wasser ist, desto kräftiger schlagen die Stürme zu.

Doch beim Treibhaus-Roulette wird es nicht nur Verlierer, sondern auch Gewinner geben. Der «wissenschaftliche Beirat der Bundesregierung Globale Umweltveränderungen» hat in seinem Jahresgutachten 1993 prophezeit, daß mit der Verschiebung der Klimazonen die Anbaugebiete für Nahrungsmittel verlegt werden müssen. Das bedeutet, daß manche Bauern eine reichere Ernte in die Scheuer fahren werden, während viele andere sich bescheiden oder sogar ihre Felder ganz aufgeben müssen. Das Bundesumweltministerium rechnet, wie es im Klimaschutzbericht 1993 heißt, mit «drastischen Auswirkungen auf die weltweite Ernährungssituation». Eine Hungerkatastrophe von internationalem Ausmaß betrifft freilich alle Länder, auch solche, die im Sog des Treibhauseffekts größere landwirtschaftliche Erträge erzielen. Bei der weltweiten engen Verflechtung der Nationen kommt auch der vermeintliche Gewinner nicht ungeschoren davon.

Wenn die Atmosphäre vollends aus dem Tritt gerät, wird es ohnehin nur Verlierer geben. Bohrungen im grönländischen Eis haben gezeigt, daß sich das Klima während der letzten 200000 Jahre immer wieder sprunghaft geändert hat. Eine Beständigkeit, wie sie die Menschen in historischer Zeit erlebt haben, gehört zu den erdgeschichtlichen Ausnahmen. Niemand kennt bislang die Ursache für die abrupten Wechselbäder. Aber alles spricht dafür, daß auch heute das Klima wieder umschlagen kann. Experten sprechen von Schwellen, deren Überschreitung – einem Dominoeffekt gleich – eine Kaskade klimatischer Umwälzungen auslöst. Schon eine vergleichsweise kleine Ursache, etwa die Verschiebung von Meeresströmungen, kann das atmosphärische Desaster auslösen. Dann würden nicht nur die Temperaturen um mehrere Grade springen, auch das Verteilungsmuster von Regen und Wärme geriete mit einem Schlag völlig durcheinander.

An der Pazifik-Küste Südamerikas läßt sich das Phänomen im Kleinen studieren: Wenn dort alle fünf bis sieben Jahre der stabile Südostpassat abflaut, der von der Küste Perus und Ecuadors aufs Meer hinaus bläst, fällt der Motor für eine riesige Wasserwalze aus. Der warme Perustrom wird nicht mehr aufs offene Meer gedrückt, und kaltes Tiefenwasser kann nicht mehr nachströmen. Peruanische Fischer haben die Anomalie El Niño getauft, weil sie immer zur Weihnachtszeit kommt. Das seltsame Christkind beschert Menschen auf der ganzen Welt ungewöhnliches Wetter: In Peru und Ecuador gehen heftige Regenfälle nieder und verursachen katastrophale Überschwemmungen, Afrika und Australien müssen mit Dürren und Buschbränden rechnen, in Kalifornien gießt es wie aus Kübeln, und Europa bekommt relativ milde Winter.

Wenn schon das Ausbleiben eines regionalen Windes so weitreichende Folgen hat, wie muß dann erst der gewaltige Zuwachs an Treibhausgasen die Atmosphäre aus dem Gleichgewicht bringen. Aber selbst wenn in nächster Zeit keine Schwelle überschritten wird, verspricht der menschgemachte Treibhauseffekt für ein turbulenteres Wettergeschehen zu sorgen. Katastrophen-Wochen wie jene vom Sommer 1994 – und schlimmere –, so ist zu befürchten, stehen uns dutzendweise ins Haus.

Kapitel 3

Hagel, Blitz und Wolkenbruch

Unwetter vor unserer Haustür

Monatelang hat die Atmosphäre Kraft geschöpft. Dann holte sie zu einem Schlag aus, der so großen Schaden anrichtete wie keine Naturkatastrophe zuvor. Es fing ganz harmlos an, mit freundlichem Sonnenschein: Das Jahr 1989 war eines der wärmsten in diesem Jahrhundert, und die Meere wurden in den Sommermonaten ordentlich aufgeheizt. Der Nordatlantik und die Nordsee speicherten so große Mengen Sonnenenergie, daß deren Oberflächenwasser noch im Januar 1990 an vielen Stellen drei Grad wärmer war als sonst – und für relativ milde Luft in diesen Breiten sorgte. Im hohen Norden dagegen, über den endlosen Eis- und Schneefeldern der Arktis, hatte sich zu dieser Jahreszeit längst bittere Kälte breitgemacht. Die Sonne konnte hier nichts ausrichten, denn sie schien im Januar nur noch kurz oder blieb vollends hinter dem Horizont verborgen.

So bildeten sich zwei grundverschiedene Luftmassen, die auf der Höhe von Nord-England gegeneinanderstießen. Die Meteorologen bezeichnen diese Grenze zwischen trockenkalter Polarluft und feuchtmilder Subtropikluft, die das ganze Jahr über existiert und im Winter tief in den Süden wandert, als Polarfront. In diesem Spannungsfeld steht die Wiege der Tiefdruckgebiete, die immer wieder mit Regen und Wind über Europa hinwegziehen. Vor allem im Herbst und Winter, wenn die Temperaturgegensätze besonders krass sind, geht es hier turbulent zu. Dann stoßen immer wieder

Kaltluftkeile tief in die Warmluft vor und erzeugen Störungen, die bald weiträumig zu rotieren beginnen. Fliehkräfte, die dabei wirksam werden, lassen den Luftdruck im Kern sinken – ein Tiefdruckgebiet ist geboren.

In diesen embryonalen Wirbeln werden die unterschiedlichen Luftmassen wie in einem Rührwerk vermischt, auch in vertikaler Richtung: Sie fahren regelrecht Aufzug. Kaltluft fällt herunter, und feuchtwarme Luft steigt auf, wobei Wasserdampf zu dichten Wolkenmassen kondensiert. Wärme, die bei der Kondensation frei wird, bringt den Wolkenwirbel immer mehr auf Touren. Wenn das Tiefdruckgebiet auf seinem Weg nach Osten stets Nachschub an schwülen Luftmassen findet, so daß die Energiezufuhr nicht abreißt, können gewaltige Wolkenwirbel entstehen, die aus der Satelliten-Perspektive wie kolossale Schneckenhäuser aussehen. Sie rotieren bisweilen so rasant, daß Stürme mit mehr als 200 Stundenkilometern über das Meer pfeifen und der Luftdruck auf 950 Hektopaskal und darunter sinkt.

In jenem Januar 1990, als die Temperaturunterschiede an der Polarfront größer als sonst waren, entwickelte sich ein heftiges Sturmtief nach dem anderen und zog mit einem Marschtempo von rund 1000 Kilometer pro Tag ostwärts Richtung Mitteleuropa. Das allein wäre noch nicht beunruhigend gewesen, denn im allgemeinen drehen solche Wirbel rechtzeitig ab und machen einen großen Bogen um das europäische Festland. Ein stabiles Hochdruckgebiet, das sich im Winter über Osteuropa bildet, erzwingt den Kurswechsel, indem es die Stürme an sich abgleiten läßt. In diesem warmen Winter fehlte aber der hilfreiche Hochdruckblock, nicht zuletzt weil im Osten kaum Schnee gefallen war. So fegten die Orkane mit voller Wucht über England, Frankreich, Deutschland und die Benelux-Staaten hinweg, drangen sogar bis zum Alpenrand, nach Österreich und in die Schweiz, vor. Die Meteorologen gaben ihnen die Namen Daria, Herta, Judith, Nana, Ottilie, Polly, Vivian und Wiebke. Vor allem die letzten beiden sind den Deutschen noch in übler Erinnerung, die Engländer zucken dagegen beim Namen Daria zusammen. Erst Anfang März war der Spuk vorbei, die Energie verpufft. Das Wasser von Nordatlantik und Nordsee, das mit seiner Wärme die Luftmassen in Schwung gehalten hatte, war von den Stürmen inzwischen so stark abgekühlt worden, daß die Temperaturen nun sogar unter dem langjährigen Mittel lagen.

Die Orkan-Serie übertraf alle Rekorde. Die Münchener Rückversicherung gibt die Gesamtschäden mit 25,3 Milliarden Mark an, davon allein in Deutschland 7,1, in Großbritannien 8,2, in Frankreich 3,4 und in den Niederlanden 3 Milliarden Mark. Die größten Windgeschwindigkeiten wurden in Großbritannien mit 155 Stundenkilometern gemessen, in den Niederlanden mit 140, in Deutschland und Frankreich mit 125. In Böen erreichte der Sturm für Sekunden noch ein wesentlich höheres Tempo. Diese giftigen, kleinräumigen Turbulenzen, die sich beim Zusammenspiel mit dem Geländerelief bilden, waren es, die den Wäldern übel zusetzten und ganze Lichtungen herausstanzten. Vor allem die süddeutschen Forste, gegen solche Gewalten nicht vorbereitet, boten im Frühjahr ein jämmerliches Bild. Aber auch in England, wo häufig schwere Stürme toben, entstanden gewaltige Schäden. Obwohl auf der Insel Jahr für Jahr Bäume im Wert von 15 Millionen Mark umfallen und erst drei Jahre zuvor ein Jahrhundert-Orkan gewütet hatte, riß die Orkan-Serie neue Wunden und streckte sogar sturmerprobte Veteranen nieder.

Der Wald wurde so übel zugerichtet, daß sich aufgeschreckte Wissenschaftler der Universität Oxford im Windkanal auf die Suche nach einem sturmfesten Forst machten. Sie ließen handliche Plastikbäumchen von Windgeneratoren durchpusten, um herauszufinden, welches Pflanzmuster dem Sturm am besten widersteht. Ein Blick in die Natur hätte vielleicht die Versuche überflüssig gemacht: In Deutschland gab es die größten Verluste in stadtnahen Fichten-Monokulturen, wo uniforme Nadelbäume wie Soldaten in Reih und Glied stehen. Naturnaher Mischwald hielt wesentlich besser stand als diese traurigen Holz-Plantagen. Aber auch Waldränder boten ein schreckliches Bild, weil der Sturm hier mit voller Kraft zupacken konnte.

Obwohl die Orkane für europäische Verhältnisse ungewöhnlich heftig waren, erreichten sie selbst in Böen kaum eine Geschwindigkeit von 200 Stundenkilometern. Ein Hurrikan ist von ganz anderem Kaliber, bringt es leicht auf 300 Stundenkilometer und mehr. Er wirkt um so verheerender, weil die Zerstörungskraft quadratisch mit der Geschwindigkeit zunimmt. Doppelte Windgeschwindigkeit läßt den Winddruck auf das Vierfache hochschnellen. Daß die Orkane Vivian, Wiebke und Konsorten dennoch ebenso schlimme und schlimmere Schäden anrichteten, lag an ihrer Ausdehnung. Auf breiter Front fielen sie auf dem Festland ein und verwüsteten die Landschaft nationenweit. Sie machten mit Größe wett, was ein tropischer Wirbelsturm mit brutaler Kraft anrichtet. Ein Hurrikan tobt sich meist auf einer relativ kleinen Fläche aus. Er dringt nicht sehr tief in das Festland ein, weil ihm dort rasch sein Treibstoff, der Wasserdampf, ausgeht.

Abbildung 5
Windstärken nach Beaufort.

Stärke	Bezeichnung	Auswirkungen	Windgeschwindigkeit km/h
0	still	Rauch steigt gerade empor	0 – 1
1	leiser Zug	Rauch wird abgelenkt	1 – 5
2	leichte Brise	Blätter säuseln	6 – 11
3	schwache Brise	Blätter und dünne Zweige bewegen sich	12 – 19
4	mäßige Brise	Staub und loses Papier fliegen	20 – 28
5	frische Brise	Kleine Laubbäume schwanken	29 – 38
6	starker Wind	Starke Äste biegen sich	39 – 49
7	steifer Wind	Fühlbarer Widerstand beim Gehen	50 – 61
8	stürmischer Wind	Zweige brechen, Probleme beim Gehen	62 – 74
9	Sturm	Kleinere Schäden an Häusern	75 – 88
10	schwerer Sturm	Bäume werden entwurzelt	89 –102
11	orkanartiger Sturm	Verbreitete Schäden	103 –117
12	Orkan	Schwerste Verwüstungen	über 118

Ob tropischer Wirbelsturm oder europäischer Wintersturm – an der Küste wirken beide besonders verheerend. Über dem Meer, wo die Reibung gering ist, kann der Wind fast ungehindert beschleunigen. Dort stehen ihm nur die Wellen im Wege, keine Berge, Wälder oder Häuser. Jeder Sturm wühlt den Ozean auf und schleudert gewaltige Brecher gegen das Land, die an Steilküsten manchmal einen Druck von 30 Tonnen je Quadratmeter entwikkeln – die Küstenbewohner können ein bitteres Lied davon singen. Vor allem die Deutsche Bucht muß immer wieder Tribut zahlen, wenn Nordweststürme große Wassermassen hineindrücken und den Wasserspiegel um viele Meter steigen lassen. Im Zusammenspiel mit den Gezeiten können sich dann Flutberge auftürmen, die Deiche aufreißen und weite Gebiete überschwemmen. Im Januar 1362 ertranken bei der «Großen Mandränke» rund 100000 Menschen und 50 Kirchen wurden zerstört.

Selbst die moderne Technik hat diese Gefahr nicht im Griff. Erst im Februar 1962 stand ein Fünftel von Hamburg, mehr als 15000 Hektar, unter Wasser. Die Großstadt liegt zwar hundert Kilometer von der Küste entfernt, aber die Elbe wirkt wie ein Trichter, in dem die hineingedrückte Flut noch an Höhe und Brisanz zulegt. Die Hamburger waren auf diese Attacke der Nordsee überhaupt nicht vorbereitet, denn die letzte Katastrophe lag schon fast 150 Jahre zurück. Sie dachten nicht im Traum daran, daß die Urgewalten in ihre zivilisierte Welt eindringen könnten. Viele Zugezogene wußten nicht einmal über die Bedeutung der Deiche Bescheid, kannten die Wälle nur als nette Promenaden oder lästige Sichtblenden. Angst hatten sie niemals kennengelernt, nicht einmal vom Hörensagen. Längst vorbei sind die Zeiten von Theodor Storms «Schimmelreiter», als sich noch Deichgrafen um die Sicherheit kümmerten und jeder Anwohner «seinen» Deichabschnitt fast wie ein eigenes Kind bewachte.

In der Nacht zum Samstag, den 17. Februar, schwappte das Wasser auf breiter Front über die Deichkronen, nagte hinterrücks an den Befestigungen und fraß sich an 60 Stellen hindurch. Als Pioniere mit Sandsäcken und Schaufeln ausrückten, standen viele Straßen schon unter Wasser und versperrten ihnen die Durchfahrt zum Einsatzort. Die Fluten unterbrachen die Versorgung mit Strom, Gas und Trinkwasser, drangen in U-Bahn-Röhren ein, überspülten Bahndämme und legten die S-Bahn lahm. Hamburg war von allen Versorgungssträngen abgetrennt. Sogar Sirenen, die vor der heranströmenden Gefahr hätten warnen sollten, fielen aus. Die Polizei behalf sich mit Lautsprechern, feuerte – wie in alten Zeiten – Schüsse in die Luft, schlug Fensterscheiben ein und ließ Kirchenglocken läuten. Niemand sollte im Schlaf überrascht werden.

Dennoch ertranken in dieser Nacht 312 Menschen. 120000 Hamburger konnten ihre Wohnung nur noch durch das Wasser verlassen. Noch tagelang kreisten Hubschrauber über den überfluteten Stadtvierteln, schipperten Boote durch die Brühe und versorgten Eingeschlossene mit Trinkwasser. Innensenator

Helmut Schmidt, der spätere Bundeskanzler, koordinierte die Rettungseinsätze und schweißte die Katastrophenhelfer – mit seiner sprichwörtlichen «Schnauze» – zu einer schlagkräftigen Truppe zusammen. Seine Tatkraft verschaffte ihm damals Respekt und Bewunderung.

Nachdem das Schlimmste überstanden war, sanierte die Hansestadt ihr gesamtes Deichsystem, damit sich eine solche Katastrophe nicht wiederholen würde. Sie gab in den kommenden Jahren insgesamt 780 Millionen Mark für den Hochwasserschutz aus – eine lohnende Investition: Die nächsten schweren Sturmfluten am 3. Januar 1976 und 24. November 1981 fanden keinen Weg in die Stadt.

Den Nordsee-Inseln ist nicht so einfach zu helfen. Deren Bewohner müssen sich nicht nur gegen Hochwasser wehren, sondern auch gegen den Verlust ihrer Heimat. Jede Sturmflut nagt an den Küsten und trägt ein Stück Land ab. Helgoland war vor 200 Jahren noch doppelt so groß wie heute, Schleswig-Holstein hat seit dem 13. Jahrhundert sogar 700 Quadratkilometer Land verloren.

Die Ferieninsel Sylt, die den Wellen ihre Breitseite bietet, büßt Jahr für Jahr anderthalb Meter ein, an der Südspitze sogar 15 Meter. Dieses langgestreckte Eiland zeigt das Problem in aller Schärfe. Vor einem Jahrtausend noch mit dem Festland und den Nachbarinseln verbunden, droht Sylt inwischen das Ende. Die Bewohner geben jedes Jahr viele Millionen Mark aus, damit ihre Heimat nicht auseinanderbricht und Stück für Stück in den Fluten versinkt. Schon 1872 haben sie die ersten Sandbuhnen ins Meer geschoben, um der Strömung die Kraft zu nehmen. Später setzten sie den Elementen Ufermauern, Sandfangzäune und Tetrapoden, tonnenschwere dreibeinige Betonklötze, entgegen – ohne Erfolg.

Seit 1972 schwören sie auf Sandvorspülungen, eine ebenso simple wie aufwendige Methode: Der von den Fluten fortgeschwemmte Sand, Grundstoff der Insel, wird mit Maschinenhilfe ständig ersetzt. Kräftige Pumpen saugen den Nachschub weit draußen aus dem Meeresgrund und drücken ihn durch dicke Rohre zum Strand: Sylt hängt am Tropf. Aber selbt diese Dauer-Infusion kann die Insel nicht retten. Eine einzige Sturmflut holt sich ohne weiteres die Arbeit eines ganzes Jahres zurück – und mehr. Manche Experten drängen nun auf eine technische Brachiallösung: Ein künstliches Riff soll die Brandung entschärfen.

Jürgen Ehlers vom Geologischen Landesamt Hamburg hat allerdings schon vor Jahren den Insulanern eine Mitschuld an der Misere gegeben. Weil sie die Angst vor dem Wasser verloren haben, kritisiert er, bauen sie ihre Häuser zu dicht am Strand und bringen sich damit in Gefahr.

Die US-Amerikaner haben den Kampf gegen die Küstenerosion an vielen Stellen bereits aufgegeben. Unzählige schmale Inselstreifen, die der Atlantik-Küste vorgelagert sind, lassen bei jedem Sturm gehörig Sand und verändern dabei ständig ihre Gestalt. Dennoch hatten viele Städter den Reiz der Meeresnähe entdeckt und auf dem unsicheren Untergrund komfortable Ferienhäuser errichtet. Über die Freude an der Idylle, schlugen sie die Erfahrungen ihrer Großeltern in den Wind und verzichteten auf den früher üblichen Sicherheitsabstand zum Strand. Dabei hätten sie sich viel Ärger erspart, wenn sie die tradierten Regeln beachtet hätten. Denn bis heute haben Ingenieure kein Mittel gefunden, um die Gebäude auf Dauer zu schützen. Inzwischen lassen amerikanische Behörden an vielen Küsten der Natur wieder ihren Lauf und erklären zum Naturschutzgebiet, was sie der Natur nicht abtrotzen können.

Wenn auch die Kraft des Meeres kaum zu bändigen ist, so kommt doch das Unheil nicht mehr aus heiterem Himmel. Die Meteorologen können mit raffinierter Elektronik Stürme und Sturmfluten inzwischen recht gut vorhersagen. Ein weltweites Netz von Wetterstationen sammelt rund um die Uhr unzählige Daten über Temperatur, Luftdruck, Feuchte und Wind und meldet sie – über einen internationalen Pool – den nationalen Wetterdiensten. Zu dem Netz gehören rund 7000 Bodenstationen und 600 aerologische Meßpunkte, von denen Ballons bis in 30 Kilometer Höhe aufsteigen. Daneben geben die Besatzungen Hunderter Schiffe und Flugzeuge Wetterdaten weiter, und mehrere Satelliten melden Beobachtungen über Wind, Temperatur und Wasserdampf zur Bodenstation. Meteorologen berechnen aus all diesen Hunderttausenden von Zahlen das Wetter von morgen und übermorgen. Die Qualität der Prognosen hat sich in den letzten Jahrzehnten stetig verbessert, wofür vor allem die immer leistungsfähigeren Rechner verantwortlich sind. Mit jeder neuen Computergeneration wurde der Blick in die Zukunft schärfer. Die durchschnittliche Trefferquote der 30-Stunden-Vorhersage liegt inzwischen bei fast 90 Prozent, die der 42-Stunden-Prognose bei 85 Prozent.

Noch präziser sagen Hydrologen die Scheitelhöhe der Sturmfluten voraus – allerdings nur rund sechs Stunden vorher. Das Deutsche Hydrographische Institut verläßt sich dabei nicht nur auf meteorologische Daten, sondern mißt auch die Höhe des Wasserstands, weit draußen vor der Küste. Aus beiden Beobachtungen, Wetterentwicklung und Pegelstand, berechnen die Fachleute den voraussichtlichen Windstau, die vom Sturm hereingeschobene Wasserwelle. Dieser Wert wird dem üblichen Wasserstand zugeschlagen, der für jeden Küstenabschnitt und für jede Uhrzeit schon Jahre vorher bekannt ist. Der so ermittelte maximale Pegelstand ist sehr zuverlässig. Bei einer Sturmflut Ende 1981 sagten die Experten für Cuxhaven 4,46 Meter über Normalnull (NN) voraus – und verrechneten sich nur um 4 Zentimeter. Den Hamburgern prophezeiten sie 5,72 Meter über NN, tatsächlich waren es 5,81 Meter.

Bei Sturmfluten haben die Wetterfrösche relativ leichtes Spiel, weil auf den Wind Verlaß ist. Eine großräumige Wettererscheinung wie ein Sturmtief, das über den Atlantik in die Nordsee wandert, besitzt eine verhältnismäßig große Stabilität – und ist damit berechenbar. Wenn es um kleinräumige, explosive Wetterkapriolen geht, müssen die Meteorologen dagegen passen. Gewitter, Hagel und Blitz, die sich spontan aus lokalen Störungen entwickeln, entziehen sich weitgehend einer Vorhersage. Der Wetterdienst hilft sich mit der Floskel: «lokale Gewitterneigung», wobei Ort und Zeitpunkt offen bleiben. Eine zuverlässige Warnung kann erst herausgehen, wenn der Hagel bereits das Korn zerschlägt und die Blitze über den Horizont zucken. Dann ist es aber oft zu spät, um wirksame Vorsorge zu treffen, denn die Zugbahnen der Gewitter sind kurz.

Hagel und Blitz können erhebliche Schäden verursachen. Der Münchener Hagelsturm vom 12. Juli 1984 richtete Verwüstungen von rund 3 Milliarden Mark an – ein Jahrhundertereignis. Die Hagelkörner verbeulten 240000 Autos, zerschlugen unzählige Dachziegeln, Glasscheiben und Fassadenverkleidungen, knickten Antennen, verwüsteten Felder und rissen den Bäumen Blätter und Äste ab. Ein Flugzeug, eine Boing 757, die bei der Landung in das Trommelfeuer geriet, mußte anschließend für 20 Millionen Mark repariert werden. Das größte nachgewiesene Hagelkorn hatte einen Durchmesser von 9,5 Zentimeter und wog 300 Gramm, Augenzeugen wollen sogar 14-Zentimeter-Geschosse gesehen haben. Das entspricht dem dicksten Brocken, der jemals fotografiert wurde. Er schoß 1970 im amerikanischen Bundesstaat Kansas aus einer Gewitterwolke herab. Kugeln dieses Kalibers wiegen fast ein Kilogramm und erreichen eine Aufschlagsgeschwindigkeit von 170 Stundenkilometern, manchmal sogar mehr, wenn Böen sie anschieben. Schon 5-Zentimeter-Körner entwickeln mit 110 Stundenkilometern eine beachtliche Durchschlagskraft – ein Wunder, daß in München niemand erschlagen wurde. Passanten erlitten lediglich Blessuren an Kopf, Schultern oder Armen, und etliche Hühner blieben auf der Strecke. Die Spur der Zerstörung war 300 Kilometer lang und 5 Kilometer breit und verlief mitten durch München.

Hagel braut sich in den gewaltigen Wolkentürmen von Gewittern zusammen, die doppelt so hoch wie der Mount Everest hinaufreichen können. Kräftiger Aufwind verhindert dort, daß die Körner frühzeitig herabfallen. Die Windgeschwindigkeit, die Hagelkörner in der Schwebe hält, entspricht deren Fallgeschwindigkeit. Bei einem 9,5-Zentimeter-Geschoß, wie es in München gefunden wurde, braucht es einen Orkan von mindestens 150 Stundenkilometern – aufwärts. Das Korn bleibt aber nicht auf einem Fleck stehen, sondern vollführt beim Heranreifen eine wilde Achterbahnfahrt, fällt kilometertief hinab, steigt auf einem Luftkissen wieder auf und schießt abermals herunter, so daß es viele Minuten Zeit zum Wachsen hat. Der Irrflug führt es immer wieder in andere Luftschichten, manchmal bis in 15 Kilometer Höhe, wo bitterer Frotst von minus 50 Grad herrscht.

Nur bei jedem zehnten Gewitter ist mit Hagel zu rechnen. Denn oft fehlen sogenannte Gefrierkerne, etwa heraufgewehte Tonerde-Partikel, die zur Bildung eines Eiskorns unerläßlich sind. Ohne sie können sich Wassertröpfchen bis minus 40 Grad Celsius abkühlen, ohne zu gefrieren. Allerdings dürfen nicht zu viele Keime in der Gewitterwolke schweben, sonst bleibt der Hagel ebenfalls aus. Trotz strenger Frostgrade sollten viele Wassertröpfchen flüssig bleiben. Wenn dann ein Hagel-Embryo bei seinem Auf und Ab mit diesen unterkühlten Spritzern zusammenstößt, frieren sie sofort an ihm fest. So schwillt das Hagelkorn mehr und mehr an, wird dick und rund und bekommt seinen typischen schaligen Aufbau.

Meteorologen nutzen diese Zusammenhänge inzwischen für eine gezielte Abwehr. Sie schießen unzählige Gefrierkerne in die

Gewitterwolke, so daß zwar viele Hagelkörner entstehen, aber unterkühlten Wassertröpfchen als Nahrung fehlen. Statt weniger großer Hagelkörner fallen nach dieser Hungerkur viele kleine aus der Wolke, die meist noch vor dem Aufschlagen auf dem Boden schmelzen und keinen Schaden anrichten können. Als künstliche Eiskerne dienen meist Silberjodid-Kristalle, die mit Flak-Granaten hinaufgeschossen oder von Flugzeugen versprüht werden. Vor allem in Bayern, wo es fast doppelt so viele Gewittertage wie in Norddeutschland gibt, wird immer wieder zum «Böllerschießen» geblasen. Neuerdings laufen auch Versuche, Hagel mit Ultraschall zu bekämpfen. Die Meteorologen haben die Methode den Medizinern abgeschaut, die auf diese unblutige Art schmerzhafte Nierensteine zerbröseln. Nun sollen die geräuschlosen Schallwellen auch Eisklumpen in der Atmosphäre zertrümmern.

Während sich die Verfahren gegen Hagelbildung erst noch bewähren müssen, hat der Blitzableiter längst alle Zweifler überzeugt. Der amerikanische Staatsmann und Tüftler Benjamin Franklin schraubte schon 1752 einen Eisenstab an das Dach seines Hauses in Philadelphia und schloß ihn an ein Kabel an, das er im Boden erdete. Der Blitz konnte nun bei ihm einschlagen, ohne das Haus zu beschädigen. Gottesfürchtige Ignoranten lästerten zwar noch jahrelang über die «Ketzerstange», aber den Siegeszug der genialen Erfindung konnten sie nicht aufhalten. Inzwischen gehört der Blitzableiter zum Standard der Baukunst. Eine Katastrophe wie im Jahr 1749, als in Breslau ein Blitz das Schießpulverlager in die Luft jagte und 700 Menschen tötete, ist kaum noch denkbar.

Allerdings schleicht sich der Blitz inzwischen hinterrücks ins Wohnzimmer und ins Büro. Er steckt zwar nicht mehr Hab und Gut in Brand, vergreift sich aber an der Achillesferse der modernen Zivilisation, an elektrischen und elektronischen Geräten – mit teuflisch langem Arm. Elektromagnetische Impulse, sogenannte LEMPs (Lightning Electromagnetic Impulses), die der Blitzschlag erzeugt, legen immer wieder Computer lahm, demolieren Fernsehapparate und setzen Steuersysteme außer Gefecht. Rings um den Blitzkanal baut sich – wie um ein Stromkabel – ein Magnetfeld auf, das in nahegelegenen Leitungen eine Spannung induziert. Meist reicht diese aufgezwungen «Überspannung» aus, um funktionswichtige Teile zu verschmoren. Vor allem das Herzstück der

Computer, der Chip, ist extrem empfindlich. Schon winzige Falschströme können seine miniaturisierten Schaltkreise ruinieren. Ein Blitz kann noch in einer Entfernung von ein, zwei Kilometern indirekte Schäden anrichten. Über das engmaschige Leitungsnetz von Energie- und Nachrichtentechnik, das mit jedem Jahr dichter geknüpft wird, hat er leichtes Spiel.

Die Folgen sind teuer. Mitte der achtziger Jahre schlug ein Blitz in das Kölner Verwaltungshochhaus von Klöckner-Humboldt-Deutz ein - in den Blitzableiter, wie es sich gehört. Die Überspannung demolierte dennoch hundert Terminals und Teile des Rechenzentrums. Der fatale Kurzschluß kostete, inclusive Folgeschäden, rund sechs Millionen Mark. Zehn Jahre später, am 13. März 1994, mußten mehr als 100000 Menschen in Dresden und Umgebung den Sonntagabend ohne Fernsehen verbringen, weil nach einem Einschlag in einem Umspannwerk der Strom für drei Stunden ausfiel. Und am 20. Juni 1992 traf «Thors Hammer» den Tower des Frankfurter Flughafens und stoppte für anderthalb Stunden den Luftverkehr. Die Lotsen konnten nicht mehr mit den Piloten sprechen, ihre Radar-Anzeige versagte, und aus der automatischen Feuerlöschanlage strömte Halon-Gas und jagte die ganze Mannschaft in die Flucht. Vier Jahre zuvor hatte es sogar Tote gegeben. Ein Flugzeug stürzte bei Düsseldorf im Gewitter ab, nachdem ein Blitz seine gesamte Elektronik lahmgelegt hatte. Alle 19 Insassen starben.

Der Blitz-Experte Professor Johannes Wiesinger von der Universität der Bundeswehr München schätzt, daß Blitze 1993 allein in Deutschland elektronisches Gerät im Wert von rund zwei Milliarden Mark zerstört haben, die enormen Folgekosten nicht mitgerechnet. Das Ausmaß der Zerstörungen ist um so erstaunlicher, als Deutschland – im Vergleich zu den Tropen – zu den blitzarmen Ländern zählt. Nur jeder Zehntausendste der rund 25 Millionen Blitze, die täglich auf der Welt aufleuchten, zuckt über den deutschen Himmel. Alle zwei bis drei Jahre, prophezeit Wiesinger, werde sich der Schaden verdoppeln. Die Kommunikationsgesellschaft ist den hinterhältigen Attacken aber nicht schutzlos ausgeliefert. Überspannungs-Sicherungen können verhindern, daß sich zerstörerische Ströme über Energie- und Datenleitungen an teure Elektronik heranschleichen. Und Bauingenieure können bereits beim Rohbau von Stahlbeton-Gebäuden Vorsorge treffen, indem sie Räume, in denen empfindliche Geräte stehen sollen, als Faradaykäfige ausbilden. Wenn die Armierungseisen, die in Decken und Wänden stecken, einen geschlossenen Käfig bilden, können elektrische Störfelder erst gar nicht eindringen. Das Metall schützt wie ein moderner Bannkreis.

Während die Sachschäden zunehmen, geht die Zahl der Blitztoten zurück, zumindest in Deuschland. Starben hier im vergangenen Jahrhundert jährlich noch 300 Menschen an den Folgen eines Blitzschlags, so waren es in den fünfziger Jahren im Mittel 38, und in den Achtzigern nur noch 8. Die meisten Menschen suchen inzwischen bei einem aufziehenden Gewitter Schutz in Häusern oder im Auto, das als Faradayscher Käfig absolute Sicherheit bietet. Trabbi-Fahrer sollten sich allerdings vorsehen, denn die Kunststoff-Karosserie ist gegen Blitze wirkungslos.

Einige unerschrockene Naturburschen – vor allem Wanderer und Radfahrer – bleiben auch heute noch im Freien. Denen kann es gehen wie den zehn Touristen, die 1970 bei Trient unter einem Baum Zuflucht gesucht hatten. Ein Blitz fuhr in den Stamm. Im grellen Blitzkanal erhitzte sich die Luft für Millisekunden auf etwa 30000 Grad Celsius, wobei sie sich schlagartig ausdehnte und eine überschallschnelle Stoßwelle mit einem Druck von einigen Dutzend Atmosphären losschickte. Was aus der Entfernung als Donner zu hören war, griff den Wanderern kräftig in die Kleidung. Sie überlebten das Abenteuer zwar unbeschadet – aber nackt.

Kapitel 4

Land unter

Flüsse erobern ihr Territorium zurück

Stockstadt ist ein verschlafenes Nest in Südhessen. Hier gibt es weder Hochhäuser noch grelle Lichtreklamen, dafür trägt der Wind manchmal den Geruch frisch gedüngter Felder durch die Straßen. Wenn Menschen die Köpfe zusammenstecken, so scheint es, reden sie über nichts anderes als das Wetter von morgen, den ersten Zahn vom kleinen Heiner oder Opas Hexenschuß. In Stockstadt ist die Welt noch in Ordnung. Und doch geht einmal im Jahr die Angst um, fegt ein Heer blutgieriger Invasoren für Wochen Straßen und Plätze leer. Männer, Frauen und Kinder verkriechen sich in ihren Häusern, verschließen Fenster und Türen und lassen selbst bei größter Hitze keinen Spaltbreit frische Luft herein. Kommunalpolitiker und Umweltschützer reden sich derweil die Köpfe heiß, tragen die ländliche Not bis in die Wiesbadener Landesregierung: Im Sommer fallen Rheinschnaken in dichten Schwärmen über die friedlichen Bürger her.

Stockstadt liegt am Rand des Naturschutzgebiets Kühkopf-Knoblochsaue. Die urwüchsige Auen-Landschaft mit ihren zahlreichen Tümpeln und Teichen, die auf einer Insel in einer alten Rhein-Schlinge liegt, ist eine ideale Brutstätte für die Blutsauger. Schon im Frühsommer, noch vor der Invasion, flammen alljährlich die Diskussionen auf, ob die Behörden in einem Naturschutzgebiet Gift versprühen dürfen. Der Streit zwischen Fundamental-Ökologen und zerstochenen Realos bringt ein Gebiet ins Zwielicht, das es nicht verdient. Der Kühkopf ist ein wunderschönes und beliebtes Erholungsgebiet. Die Schnaken sind lediglich die – lästige – Beigabe einer außergewöhnlichen Naturlandschaft, die an jedem sonnigen Wochenende eine Flut von Wanderern und Radfahrern anlockt.

Nur eine halbe Autostunde von Großstädten wie Frankfurt, Wiesbaden, Mainz und Darmstadt entfernt, gedeiht hier eine urwüchsige Wildnis, ein Mosaik aus undurchdringlichem Gehölz, unberührten Wiesen und artenreichen Wasserflächen. Umgestürzte Bäume verrotten auf dem Waldboden, Lianen hängen in dichten Vorhängen von Eichen und Ulmen herab, Reiher lauern am seichten Ufer. Viele Vogelarten, die hier einen Lebensraum gefunden haben, sieht man sonst nur noch im Zoo oder im Naturbuch, wie Graugänse, Kormorane oder Schwarzstörche. Schwarze Milane brüten so dicht beieinander, wie es einmalig in Europa ist.

Erst seit 1983 kann sich das Paradies richtig entfalten. Damals gab der letzte Pächter auf, der im Schutz von Dämmen auf großen Teilen des Areals Landwirtschaft betrieben hatte. Zwei Überschwemmungen innerhalb weniger Monate und ein Dammbruch hatten ihn mürbe gemacht, und er verließ die Insel. Schon nach wenigen Jahren, schneller als erwartet, fanden sich die für Flußauen typischen Pflanzen- und Tiergemeinschaften ein. Der Erfolg der Natur hat allerdings enge Grenzen: Der Kühkopf ist nur der winzige Rest einer einst ausgedehnten Auen-Landschaft. Die paar Quadratkilometer, die heute international als einmaliges Biotop gerühmt werden, waren früher so gewöhnlich wie der Fladen im Kuhstall.

Noch zu Goethes Zeiten war der Rhein ein wilder Fluß, der sich in ein unübersichtliches Geflecht von Seitenarmen auffächerte und sich – oberhalb von Karlsruhe – in weitläufigen Mäandern durch den Rheingraben schlängelte. Zwischen Schwarzwald und Vogesen, Odenwald und Pfälzer Wald wucherte eine einzige undurchdringliche Wildnis, viele Kilometer breit. Das Grün hatte sich, vom Laubdach bis zur Wurzelspitze, dem Strom angepaßt: Inseln und Sümpfe, Auenwälder und Wiesen veränderten sich ständig im Wechsel des Wasserstands. Bäume versanken immer wieder mannshoch im Wasser, die Strömung nagte an Böschungen und riß große Bodenplacken fort. Wo das Wasser zur Ruhe kam, setzte sich Schlick ab und wuchs zu neuen Inseln heran. Im Sommer sank der Grundwasserspiegel metertief, und große Teile der Auen trockneten aus.

Inzwischen hat der Rhein seinen Charakter vollkommen verändert. Er gleicht mehr einer Abflußrinne als einem Fluß. Zahlreiche Eingriffe haben ihn in ein stromlinienförmiges Korsett gezwängt, das zwar die Schiffahrt erleichtert, elektrische Energie liefert und den Menschen viel neues Acker- und Bauland bescherte – nebenbei sogar die Schnakenplage eindämmte. Aber der Fortschritt hat einen Haken: Der begradigte Strom tritt immer häufiger über die Ufer und überschwemmt die Städte, die stromabwärts die Ufer säumen.

Erst Ende 1993 war es wieder so weit. Das Weihnachtsfest fiel damals gründlich ins Wasser. Drei Tage vor Heiligabend setzte in weiten Teilen Deutschlands ein heftiger Regen ein, der tagelang anhielt. In Süddeutschland gingen innerhalb von 48 Stunden 50 Liter pro Quadratmeter nieder – mehr als sonst in einem Monat. Warmluft ließ zudem den Schnee in den Mittelgebirgen abschmelzen. Bald meldeten die ersten Ortschaften «Land unter». Saar, Neckar, Mosel, Donau und andere Flüsse traten über die Ufer und verursachten ein Chaos. Die Fluten bahnten sich einen Weg in den Rhein und erreichten kurz vor Weihnachten Köln und Bonn – eine schöne Bescherung.

Arbeiter montierten in aller Eile Stahlplatten auf die Schutzmauern, um die Kölner Altstadt vor der anrollenden Flutwelle zu schützen. Die Aufbauten hätten einem Pegel von zehn Metern trotzen können, aber der Rhein stieg unaufhaltsam weiter, stoppte erst bei 10,63 Metern und blieb damit gerade sechs Zentimeter unter der Rekord-Hochwassermarke von 1926. Die Altstadt und einige Vororte versanken in den Fluten, 25000 Menschen konnten ihre Wohnung nur noch durchs Wasser erreichen, mußten waten oder paddeln. Anderen Städten längs des Rheins erging es nicht besser. In Bonn löste sich das halbfertige Abgeordneten-Haus von seinem Fundament und zerbrach zu einer teuren Ruine, die noch nach Jahren für politischen Zündstoff sorgte. In Koblenz schloß das Wasser 10000 Bewohner der Altstadt in ihren Häusern ein. Die Fluten richteten Schäden in Milliardenhöhe an.

So hatten sich die Wasserbauer die Früchte ihrer Arbeit nicht vorgestellt. Mit den Eingriffen ins Flußbett, die den Rhein heute so gefährlich machen, wollten sie ursprünglich gerade das Gegen-

Abbildung 6
«Land unter» hieß es an Weihnachten 1993 in Köln und anderen Rheinanlieger-Gemeinden.

teil erreichen: Schutz vor dem Hochwasser. Der badische Ingenieur Johann Gottfried Tulla kam dem Ziel eines gezähmten Stroms zunächst tatsächlich ein gutes Stück näher. Seine Pläne, die zwischen 1817 und 1879 verwirklicht wurden, machten in vielen Orten Schluß mit den regelmäßigen Überschwemmungen. Tulla zwang den urwüchsigen Fluß in ein kultiviertes Bett und verkürzte dabei seinen Lauf um rund 80 Kilometer. Das Wasser konnte nun ungehindert ablaufen. Doch viele Auen blieben damals erhalten.

Die urwüchsigen Flußlandschaften, zu denen auch der Kühkopf gehört, haben einen unschätzbaren Wert für die Sicherheit der Uferstädte. Sie wirken wie ein Puffer, laufen bei Hochwasser voll und geben ihren Inhalt später, wenn die Flut längst abgelaufen ist, an den Fluß zurück. So sorgen sie für einen Ausgleich des Wasserstands, kappen vor allem die gefährlichen Hochwasserspitzen. Ausgedehnte Auenlandschaften können so viel Wasser aufnehmen, daß sich eine katastrophale Flutwelle erst gar nicht aufbaut.

Doch die Wasserbauer meinten, auf diesen natürlichen Schutz verzichten zu können. Um die Wasserkraft nutzbar zu machen,

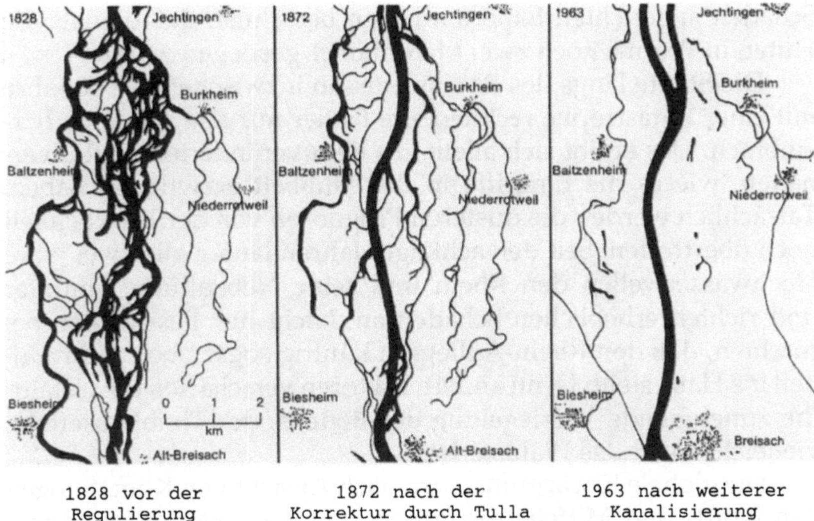

1828 vor der Regulierung

1872 nach der Korrektur durch Tulla

1963 nach weiterer Kanalisierung

Abbildung 7
Mehrere Korrekturen haben den Rhein (hier bei Breisach) in ein gerades Bett gezwängt.

schnürten sie zwischen 1955 und 1977 das Flußbett noch einmal kräftig ein. Zwischen Basel und Iffezheim ging mehr als die Hälfte des verbliebenen Überschwemmungsgebiets verloren, rund 130 Quadratkilometer. Mit fatalen Folgen: Diese zweite große Korrektur, der «moderne Oberrheinausbau», gab den Wassermassen Brisanz. Hochwasserwellen schwappen seitdem in voller Höhe bis nach Koblenz und Köln, wo sie immer wieder erhebliche Schäden anrichten. Obendrein hat das Wasser enorm an Geschwindigkeit zugelegt.

Brauchte eine Hochwasserwelle 1955 noch 65 Stunden für die Strecke von Basel nach Karlsruhe, so rauscht sie heute in 28 Stunden hinab. Das Rekordtempo wäre nicht weiter bedrohlich, wenn es nicht dazu führen würde, daß sich die Hochwasserspitzen des Rheins und vieler Nebenflüsse zu einer einzigen Flutwelle vereinen können. Flossen früher die Wassermassen aus Rench, Kinzig, Sauer oder Neckar nacheinander das Rheintal hinab, so kommt das Unheil heute mit vereinten Kräften daher. Hätte es den «modernen Oberrheinausbau» schon vor hundert Jahren gegeben, das Katastrophenhochwasser von 1882/83 hätte noch viel größeren

Schaden angerichtet. Experten haben berechnet, daß damals die Fluten in Worms noch zwei Meter höher gestiegen wären.

Die Städte längs des Rheins müssen inzwischen alle 50 Jahre mit einer Katastrophe rechnen, die früher nur alle 200 Jahre hereinbrach. Das ergibt sich allein aus dem veränderten Abflußverhalten, wie es die Eingriffe in das Flußbett erzwungen haben. Tatsächlich werden die düsteren Prognosen von der Wirklichkeit noch übertroffen. Seit den achtziger Jahren laufen alle zwei Jahre Hochwasserwellen den Rhein und seine Nebenflüsse hinunter und richten erheblichen Schaden an. Nicht nur Pessimisten befürchten, daß den Rhein-Anliegern künftig sogar noch mehr Unheil ins Haus steht. Denn andere Faktoren verschärfen die Gefahr: die zunehmende Versiegelung des Bodens, der Treibhauseffekt, vielleicht sogar das Waldsterben.

Die globale Erwärmung wird nach Ansicht von Klimatologen den Nord- und Mitteleuropäern zunehmend warme und nasse Winter bescheren. Die jährliche Niederschlagsmenge wird zunehmen, nach dem Nationalen Klimaschutzbericht des Bundesumweltministeriums um 20, vielleicht sogar um 40 Prozent. An manchen Tagen wird es wie aus Kübeln gießen, denn der Regen, so ist zu befürchten, wird sich nicht gleichmäßig über das Jahr verteilen, sondern geballt als «ergiebige Schauer» herunterkommen. Schon jetzt ziehen immer mehr Sturmtiefs mit starken Regenfällen über Deutschland hinweg. Obendrein fällt wegen der steigenden Temperaturen selbst in den Hochlagen kaum noch Schnee – Skifahrer können ein Lied davon singen. Damit geht ein weiterer wirkungsvoller Hochwasserpuffer verloren. Der Niederschlag rauscht unverzüglich die Bäche und Flüsse herunter, anstatt bis zum Frühjahr als Schneedecke in den Bergen zu bleiben.

Nichts Gutes verheißt auch eine andere Entwicklung, die sich bereits seit Jahrzehnten abzeichnet: Immer mehr Grünflächen verschwinden unter Asphalt und Beton, so daß sie den Regen nicht mehr aufsaugen können. Seit 1950 stieg der Anteil der versiegelten Fläche in Deutschland von sieben auf zwölf Prozent – vor allem durch den ungezügelten Straßenbau. In den alten Bundesländern hat sich die Länge der Autobahnen zwischen 1970 und 1992 mehr als verdoppelt, das Netz der innerörtlichen Gemeindestraßen wächst seit 1988 jährlich um 1200 Kilometer. Was das bedeutet, zeigt schon das Beispiel der Körsch, das der Bund für Umwelt und

Naturschutz Deutschland (BUND) untersucht hat. Seitdem sich die versiegelte Fläche im Einzugsgebiet des Neckar-Zuflüßchens zwischen 1952 und 1972 von sieben auf zwanzig Prozent verdreifacht hat, stürzt nach jedem heftigen Regenguß fünfmal so viel Wasser hinab.

Wirkungsvoller noch als Äcker und Wiesen können Wälder ein rasches Abfließen des Wassers verhindern. Blätter und Wurzelwerk saugen das Regenwasser wie ein Schwamm auf und geben es erst nach Tagen oder Wochen wieder ab. Mit dem gassierenden Baumsterben geht ein Teil dieser Speicherfunktion verloren, denn die Kronen werden zunehmend schütter, und das Wurzelwerk dünnt aus. Experten streiten zwar noch, ob der Wald schon so krank ist, daß er Hochwasserspitzen verstärkt. Eines aber ist sicher: Wenn der Wald verschwindet, heißt es für die Fluß-Anlieger «Hosen hochkrempeln».

Deutschland ist in dieser Hinsicht weniger gefährdet als Regionen in Südeuropa, wo vom einstigen Baumbestand kaum noch etwas geblieben ist. Athen, dessen umliegende Berghänge mit legalen und illegalen Bauten zugepflastert sind, bekam im Oktober 1994 die Quittung. Straßen verwandelten sich in reißende Flüsse, Autos und Passanten wurden fortgerissen, Häuser unterspült. Die Wassermassen richteten in der Millionenstadt ein solches Chaos an, daß die Polizei resignierte und die Einwohner aufforderte, in den Häusern zu bleiben, weil sie ihnen «im Notfall nicht mehr helfen» könne.

Nur zwei Wochen später versank Norditalien im Wasser, mehr als 60 Menschen starben, über 10000 wurden obdachlos. In der Po-Ebene, wo die Überschwemmungen am schlimmsten wüteten, hatte das Wasser leichtes Spiel. Die versiegelte Fläche hatte sich dort in den vergangenen vier Jahrzehnten mehr als verdoppelt, von 5000 auf 12000 Quadratkilometer. Die Italiener geizten nicht mit Beton, wie das Nachrichtenmagazin «Der Spiegel» berichtete, ließen sich nicht einmal von Gesetzen bremsen. Viele Häuser waren illegal entstanden. Obendrein waren Flüsse und Bäche begradigt und in betonierte Kanäle gezwängt worden.

Auch in den Tropen, wo Jahr für Jahr Wälder von der Größe Österreichs in Flammen aufgehen, braut sich Unheil zusammen. Die gerodeten Hänge sind schutzlos den Gewalten ausgeliefert. Das Wasser rauscht wie auf Rutschbahnen hinunter, schwemmt die Bodenkrume davon und macht das zerstörte Paradies auf Dauer unfruchtbar. Der wertvolle Mutterboden färbt das Wasser der Flüsse braun. An ruhigen Stellen setzt er sich ab, behindert die Schiffahrt, gefährdet die Staustufen und verschärft die Hochwassergefahr. Im Südosten Australiens konnte man diesen ganzes Zyklus von Waldzerstörung, Erosion und Hochwasser wie in einem Laborexperiment eindrucksvoll studieren. Brände zerstörten in den siebziger Jahren 265 Quadratkilometer Wald im Einzugsgebiet des Wallace's Creek. In den folgenden Jahren schossen nach starken Regenfällen bis zu 370 Kubikmeter Wasser pro Sekunde den Fluß hinab, vorher waren es nur 60 bis 80 Kubikmeter. Die Sedimentfracht erhöhte sich um mehr als das Hundertfache, auf 14,4 Prozent. Ein großer Teil der Schwebstoffe setzte sich vor Staustufen ab und bereitete den Elektrizitätswerken erhebliche Probleme.

Was sich in Australien im Kleinen abspielt, kann in anderen Ländern katastrophale Ausmaße annehmen. Die zunehmende Entwaldung der Südhänge des Himalaya lassen schon heute die großen Flüsse Indus, Ganges und Brahmaputra immer wieder gefährlich anschwellen. In den Flußniederungen haben sich die Gegensätze erheblich verschärft: Nach Monaten der Trockenheit mit extrem niedrigem Wasserstand, in denen den Bauern das Wasser für die Bewässerung ausgeht, folgt jeweils ein katastrophales Hochwasser. Vor allem das bettelarme Bangladesh, wo sich Ganges und Brahmaputra im riesigen Meghna-Delta vereinen, leidet unter diesem Hin und Her. Nach monatelanger Dürre stehen manchmal 80 Prozent des topfebenen Landes unter Wasser.

Hilfe soll ein ehrgeiziges Projekt bringen: der «Flood Action Plan». Leider trägt das Milliardenprojekt allzu deutlich die Handschrift der westlichen Geberländer. Wie dort, sollen die Fluten hinter massiven Dämmen kanalisiert und bezwungen werden. Statt das Problem mit kleinen, überschaubaren Schritten anzugehen, soll im Hauruck-Verfahren eine ganze Landschaft umgekrempelt werden. Bei den gewaltigen Wassermassen, die sich während der Regenzeit den Ganges und Brahmaputra herabwälzen, kann das Vorhaben jedoch kaum gelingen – zumal sich nicht einmal der vergleichsweise harmlose Rhein oder der schwerfällige Mississippi auf Dauer beherrschen lassen.

Dem zweifelhaften Nutzen stehen schwere ökologische und soziale Nachteile gegenüber, die vielen Wissenschaftlern Sorgen machen. Die Dämme würden das gesamte Land in zwei Zonen zerschneiden: wertvolles Ackerland auf der einen Seite, wertloses Überschwemmungland auf der anderen. Im übervölkerten Bangladesh, wo Hungerleider jeden Quadratmeter Boden beackern und sogar den Sandbänken im Delta noch ein paar Früchte abringen, muß diese Zwei-Klassen-Landschaft zu erheblichen sozialen Spannungen führen. Schon die ersten Baumaßnahmen schürten das Feuer: Im Juli 1993 versuchten rund 2000 erboste Bauern einen neuen Damm einzureißen, damit das Wasser von ihren Feldern abfließen konnte. Die Polizei griff ein – und erschoß drei von den verzweifelten Menschen.

Überschwemmungen verwüsten weltweit immer wieder weite Landstriche. Im Jahr 1993, als Rhein und Mississippi über die Ufer traten, wüteten die Wassermassen besonders rabiat. Nach Berechnungen der Münchener Rückversicherung gingen damals 63 Prozent aller Schäden, die Naturkatastrophen anrichteten, und 40 Prozent aller Toten auf Kosten der Fluten. Zu den hochgefährdeten Gebieten gehört das chinesische Tiefland mit seinen gewaltigen Strömen Jangtsekiang und Hwangho, wo bei Überschwemmungen jedes Jahr Tausende Menschen sterben und die Ernteschäden in die Milliarden gehen. Alle zwanzig, dreißig Jahre ertrinken sogar Hunderttausende. Im Sommer 1959, bei einem besonders schweren Hochwasser, kamen rund zwei Millionen Chinesen um.

Schuld an der Misere ist dort die riesige Sedimentfracht der Flüsse. Schon der Name verrät es: Hwangho heißt Gelber Fluß, weil Unmengen von Löß das Wasser trübe und schlammig machen und gelb färben. Kein anderer Strom auf der Welt schleppt so viele Sedimente mit sich. In der weiten Ebene vor der Küste, wo kaum noch Gefälle für Strömung sorgt, setzt sich der Schlick ab und verstopft das Flußbett. Die Chinesen müssen die Dämme, mit denen sie sich seit Jahrtausenden schützen, ständig erhöhen, um die wachsende Sohle auszugleichen. Die Arbeit vieler Generationen hat inzwischen dazu geführt, daß der Hwangho an manchen Stellen meterhoch über dem Gelände fließt – wie auf einem Bahndamm.

Ein solch «erhabener» Fluß ist eine latente Gefahr, denn das Wasser entwickelt bei jedem Dammbruch eine ungeheure Kraft und überflutet viele Quadratkilometer Land. In der ebenso gefährdeten wie fruchtbaren Ebene drängen sich Millionen von Menschen. Der Löß, den die Flüsse anschleppen, sorgt für üppige Reisernten und hat schon vor Jahrtausenden ein kulturelles Zentrum entstehen lassen. Er ist Segen und Fluch zugleich: Als müßten die Bauern für die große Fruchtbarkeit bezahlen, schwappt das gelbe Wasser immer wieder über Felder und Häuser.

Die Chinesen wollen nun mit einem Frühwarnsystem, wie es in Japan längst flächendeckend arbeitet, das Schlimmste verhüten. Rund tausend hydrologische Stationen sind an das Netz angeschlossen. Sie melden den Wasserstand der Flüsse, während Wetterstationen die Niederschlagsmenge im Einzugsgebiet registrieren. Ein Kontrollzentrum in Peking berechnet daraus die voraussichtliche Scheitelhöhe der Hochwasserwelle.

Vor materiellem Schaden kann die Hochtechnologie allerdings niemanden bewahren. Das bekamen im Sommer 1993 die US-Amerikaner zu spüren, die sogar Radargeräten einsetzen, um die herabgeregneten Wassermengen abschätzen zu können. Ein ungewöhnlicher Dauerregen im mittleren Westen ließ den Mississippi und Dutzende andere Flüsse über die Ufer treten. Dämme, die jahrzehntelang gehalten hatten, rissen unter dem Druck der Wassermassen auf. Rund 40000 Quadratkilometer Ackerland, eine Fläche groß wie die Schweiz, stand unter Wasser. Am Zusammenfluß von Illinois, Missouri und Mississippi bildete sich ein See, der ganze Landkreise bedeckte. Die Ufer lagen bis zu dreißig Kilometer auseinander. In dem Chaos starben 42 Menschen, 31000 wurden obdachlos. Der Volkswirtschaft entstand ein Schaden von rund zwölf Milliarden Dollar.

Obwohl die Katastrophe verheerender war als das Weihnachtshochwasser am Rhein, geben die Parallelen zu denken. Auch den Mississippi hatten Ingenieure in ein enges Korsett gezwängt. Seit Anfang des 19. Jahrhunderts errichtete das «Army Corps of Engineers», das für den Hochwasserschutz verantwortlich ist, entlang des Ol' Man River und seiner Nebenflüsse rund 11000 Kilometer Deiche und schnitt damit viele Flußauen vom Wasser ab. Wo früher eine Wildnis wucherte, in der Tom Sawyer und Huckleberry Finn ihre Abenteuer erlebten und noch massenweise Schildkröteneier aus den Sandbänken klaubten, bauen Landwirte heute Sojabohnen, Mais und anderes Getreide an. Allein am Missouri und Mississippi verschwanden mehr als 16000 Quadratkilometer Überschwemmungsland. Im Katastrophen-

Sommer 1993 holten sich die Flüsse ihre natürlichen Rückhaltebecken mit Gewalt zurück.

In Deutschland schlagen Politiker inzwischen einen neuen Weg ein, um der Wassergewalt Herr zu werden. Zurück zur Natur, heißt die Devise. Mit ökologischen Mitteln wollen sie alte Fehler ausmerzen – und damit zwei Fliegen mit einer Klappen schlagen: das Hochwasser in die Schranken weisen und Tieren und Pflanzen ihren angestammten Lebensraum zurückgeben. Zunächst geht es den unscheinbaren Bächen und Paddelflüßchen ans gemachte Bett. Viele Städte und Gemeinden schleifen die herkömmlichen Betonrinnen, die sich wie häßliche Abflußkanäle schnurgerade durch die Felder ziehen, befestigen die Ufer mit Geflecht aus Zweigen und anderen natürlichen Baustoffen oder lassen der Natur vollends ihren Lauf. Sogar Altarme, die jahrelang mit ihrer stehenden Brühe nur der Schnakenbrut dienten, werden wieder ans strömende Naß angeschlossen. Wie in alten Zeiten sollen sich die Bäche durch die Landschaft schlängeln und so einen Beitrag zum Hochwasserschutz leisten. Das Bundesforschungsministerium unterstützt die «Renaturierung kleiner Fließgewässer» mit 16 Millionen Mark. Bonn kümmert sich um die sechs Flüsse Hunte (Niedersachsen), Lahn (Hessen), Stör (Schleswig-Holstein), Ilm (Thüringen), Warnow (Mecklenburg-Vorpommern) und Vils (Bayern).

Auf den großen Flüssen hat allerdings noch immer das Schiffergewerbe Vorfahrt. Hier gilt nach wie vor die Devise: Ökonomie vor Ökologie. So gibt es Bestrebungen, die Elbe zur Schiffsautobahn auszubauen – und damit alte Fehler zu wiederholen. Der ehemalige Grenzfluß zwischen Ost- und Westdeutschland ist in 40 Jahren DDR-Schlendrian zwar zur Giftbrühe verkommen, hat aber sein ursprüngliches Aussehen weitgehend behalten. Seit dem Krieg gab es keine großen Eingriffe mehr. Auf seinem 793 Kilometer langen Weg durch Deutschland fließt er noch fast ungezähmt. Hier wachsen die größten zusammenhängenden Auwälder Mitteleuropas, in denen sich sogar eine beachtliche Biber-Population tummelt. Viele Naturschützer, allen voran der World Wide Fund for Nature (WWF), der sich mit Engagement und Fachwissen für den Erhalt der Auen einsetzt, würden es bedauern, wenn diese Urlandschaft und Hochwasser-Bremse einem unsicheren Profit geopfert würde – um sie später vielleicht wieder mit großem

Aufwand «renaturieren» zu müssen. Aber offenbar muß ein deutscher Fluß erst auf Industrie-Norm gestutzt werden, ehe er er sich wieder entfalten darf.

Am Rhein ist dieses letzte Stadium der Manipulation inzwischen erreicht, beginnt sich der Kreis von Natur-Zerstörung und Wiederherstellung zu schließen. Die Hochwasserstudienkommission, ein Gremium von Experten aus Frankreich, Deutschland, Österreich und der Schweiz, fordert schon seit Jahren, einen Teil der Überschwemmungsflächen dem Fluß zurückzugeben. Die neuen Einrichtungen sollen insgesamt 211 Millionen Kubikmeter Wasser aufnehmenn können. Nachdem die Wasserbauer zunächst an eine Art Stauseen gedacht hatten, die nur alle paar Jahre bei einem Katastrophenhochwasser geflutet würden und der Natur mehr schaden als nutzen würden, gehen die Planungen inzwischen in eine andere Richtung. Nach erheblichem Druck von Naturschützern, vor allem vom WWF-Auen-Institut in Rastatt, sollen nun die ursprünglichen Auenlandschaften wiederhergestellt werden. Das ökologische Konzept hat nur einen Haken: Viele Äcker, die man dem Fluß mühsam abgerungen hatte, gehen wieder verloren.

Wie schwer der Weg zurück zur Natur ist, zeigt das Beispiel der Kühkopf-Anrainer. Die Landwirte aus Stockstadt und Umgebung, die sich jedes Jahr mit den Schnaken herumschlagen müssen, wollen ihre Felder nicht so einfach hergeben. Sie gehen auf die Barrikaden. Wenn es um die eigene Existenz geht, stoßen ökologische Argumente auf taube Ohren. «Wir haben den Bau einer Raffinerie und eines Kraftwerks verhindert», wettert ein erboster Bauer, «jetzt sollen wir dem Hochwasser weichen?!» Der Fluß fordert selbst bei Niedrigwasser seine Opfer.

Kapitel 5

Die wirbelnden Riesen

Tropische Wirbelstürme – Schrecken der Küsten

Sie tragen freundliche Namen: Betsy, Camille oder Hugo. Früher waren sie alle weiblich – wie die Freundinnen der Fischer und Seeleute. Als ließe sich ihre zerstörerische Gewalt mit einem vertrauten Klang bannen. Mit der Emanzipation setzte sich auch bei den tropischen Wirbelstürmen die Quote durch: Florence folgt auf Ernesto, Helene auf Gordon, immer dem Alphabet nach. Moderne Wissenschaftler, die sich der Sturmgewalten angenommen haben, geben ohnehin nichts auf Magie und Zauberworte. Aber auch sie können Wirbelstürme nicht bändigen. Mancher Name, ob männlich oder weiblich, bleibt für viele Küstenbewohner ein Leben lang mit Not und Elend verbunden. So wie «Andrew», der im Spätsommer 1992 über den Südzipfel Floridas hinwegfegte: Er fräste eine 50 Kilometer breite Schneise der Zerstörung in das flache Land, tötete 44 Menschen, nahm Tausenden ihr Obdach und richtete Schäden von rund 30 Milliarden Dollar an – das teuerste Desaster in der Geschichte der USA, sogar der ganzen Welt.

Das Unglück kam nicht aus heiterem Himmel. Satelliten hatten den Wirbelsturm schon bei seiner Entstehung im Visier. Mitte August formierte sich vor der afrikanischen Küste, in der Nähe der Kapverdischen Inseln, ein harmloses Tiefdruckgebiet, das mit den Passatwinden rasch westwärts driftete. Am 17. August hatte es den halben Atlantik überquert und erreichte erstmals Windgeschwindigkeiten über 34 Knoten, das sind rund 63 Stundenkilometer. Diese Windstärke gilt für die Meteorologen als Grenzwert: Das Tief wird nun als «tropischer Sturm» geführt und erhält einen Namen. Der junge «Andrew» verhielt sich zunächst noch recht manierlich. Fünf Tage lang machte er keine Anstalten, zu einer ernsthaften Gefahr zu werden. Ohne weiter aufzufrischen, zog er nach Nordwesten, wo er sich über dem Meer bald totgelaufen hätte. Die Experten vom Sturmwarndienst schenkten ihm nur wenig Beachtung.

Doch in der Nacht zum 23. August, mehr als eine Woche nach seiner Entstehnung, mußte der Wachhabende vom «National Hurricane Center» seinen Chef aus dem Schlaf reißen. Andrew hatte seinen Kurs geändert und steuerte nun geradewegs auf die Bahamas und Florida zu. Rasch gewann er an Stärke. Bald waren 63 Knoten (117 Stundenkilometer) überschritten – die Schwelle vom «tropischen Sturm» zum «Hurrikan». Am 23. August fegte er bereits mit weit mehr als 200 Stundenkilometern über das Meer und peitschte die Wellen haushoch auf. Dann nahm das Unglück seinen Lauf. Andrew überquerte die nördlichen Inseln der Bahamas und bald darauf die Südspitze Floridas. Spitzengeschwindigkeiten von 210 Stundenkilometern, in Böen sogar 270 Stundenkilometer, wurden gemessen, weit mehr als Fabrikhallen und Wohnhäuser, Bäume und Masten verkraften konnten. Trümmer flogen wie Geschosse durch die Luft. Damit nicht genug. Andrew setzte seinen verheerenden Weg über den Golf von Mexiko fort und erreichte am 26. August, nur wenig abgeschwächt, abermals Land. Im amerikanischen Bundesstaat Louisiana zeigte er noch einmal seine Zähne, ehe er an Kraft verlor und sich schließlich auf dem Festland auflöste.

Andrew hinterließ in Florida ein Trümmerfeld. Das grüne Paradies hatte sich in eine Wüste verwandelt. «Kein Baum, kein Strauch, alle Blätter weg», erinnert sich der Meteorologe Dr. Gerhard Berz von der Münchener Rückversicherung. Eine Woche nach dem Desaster saß er bereits im Hubschrauber, um sich einen Überblick über das Ausmaß der Verwüstungen zu verschaffen. Seine Liste wurde lang und länger. Sämtliche Strom- und Telefonleitungen, ein rund 20000 Kilometer langes Netz, waren umgestürzt, fast 100000 Wohnhäuser zerstört oder schwer beschädigt. Vor der Küste Louisianas hatten 18 Meter hohe Wellen mehrere Bohrplattformen zerstört, die Gemeinde Homestead mit ihrem

Luftwaffenstützpunkt war dem Boden gleichgemacht. Von den 44 Menschen, die gestorben waren, hatte viele in transportablen Häusern gewohnt. Diese «mobile homes», die huckepack auf Tiefladern transportiert werden können, waren unter der Wucht des Orkans wie Kartenhäuser zusammengebrochen.

Daß dennoch vergleichsweise wenig Menschen starben, ist ein Verdienst der Wissenschaft. Die Meteorologen hatten rechtzeitig vor der Gefahr gewarnt, so daß sich die meisten Bewohner in Sicherheit bringen konnten. Sie waren zu Hunderttausenden in Autos davongefahren, hatten höherliegendes Terrain aufgesucht oder sich in sicheren Unterkünften, etwa in Schulen, verkrochen. Vor allem mußten sie die Strandnähe meiden, denn vom Meer drohte die größte Gefahr. Der Sturm drückte das aufgewühlte Wasser hoch auf das Land, obendrein wölbte der tiefe Luftdruck einen Flutberg auf. Als Andrew über Florida fegte, fiel das Barometer auf 922 Hektopaskal. Unter dem Druck der Wassermassen gaben viele Häuser nach.

Abbildung 8
Hurrikan-Stärken nach Saffir-Simpson.

Stärke	Bezeichnung	Mittlere Geschwindigkeit	
		km/h	Knoten
1	schwach	118 – 153	64 – 82
2	mäßig	154 – 177	83 – 96
3	stark	178 – 209	97 – 113
4	sehr stark	210 – 249	114 – 134
5	verwüstend	über 250	über 135

«Andrew» ist keine Ausnahme: Bei jedem Wirbelsturm droht an der Küste die größte Gefahr. Stets tötet das Wasser weit mehr Menschen als der Sturm selbst, manchmal Tausende – vor allem in Ländern, in denen der Warndienst nicht so reibungslos funktioniert oder Fluchtmöglichkeiten fehlen. Im armen Bangladesh gibt es nur wenige massive Schutzbauten, die hoch genug über das flache Gelände hinausragen. An eine rasche Flucht in ein hochgelegenes, sicheres Hinterland ist nicht zu denken, weil Autos für die weite Fahrt fehlen. Die Bewohner sitzen in der Falle, sind den tobenden Fluten hilflos ausgeliefert. 1991 ertranken hier bei einem Wirbelsturm nach groben Schätzungen zwischen 200000 und 500000 Menschen, 1970 waren es rund 300000.

Zu allem Unglück kommt das Wasser auch von oben. Im Gefolge eines Wirbelsturms prasselt stets ein sintflutartiger Regen vom Himmel, oft 500 bis 1000 Millimeter innerhalb weniger Stunden – so viel wie in Frankfurt in einem ganzen Jahr. Die schlimmsten Güsse gehen an den Küstengebirgen nieder, wo die Wolken zum Aufsteigen gezwungen werden und sich rasch abregnen. Dort verwandelt sich jedes Rinnsal zum reißenden Sturzbach und bringt ganze Berghänge ins Rutschen. Beim Taifun «Yancy» etwa, der im September 1993 über Japan fegte, zählte die Polizei 210 Erdrutsche, 18 fortgespülte Brücken, 6 Dammbrüche und 100 versperrte Straßen und Eisenbahnlinien. Einen Monat später brachten heftige Regenfälle, die der Taifun «Flo» mitbrachte, auf den Philippinen sogar Vulkanasche am Pinatubo ins Rutschen. Schlammströme wälzten sich von den Hängen herab, als wäre der Vulkan erst gestern ausgebrochen und nicht vor mehr als zwei Jahren.

Tropische Wirbelstürme gehören zu den schlimmsten Geißeln der Menschheit. Die Katastrophen haben je nach Landstrich verschiedene Namen, heißen in Amerika und Australien Hurrikan, in Südostasien Taifun und im Indischen Ozean Zyklon, sie wüten im Atlantik, Pazifik und Indik. Sie sind Geschöpfe der tropischen Meere, denn sie brauchen zum Entstehen viel Wasserdampf und viel Wärme. Erst bei einer Wassertemperatur von mindestens 27 Grad ist die Luft mit genügend Dampf geschwängert, um einen Wirbelsturm gebären zu können. Im Spätsommer, wenn die Meere aufgeheizt sind, haben die Stürme Saison. Dann genügt ein kleiner Anlaß, ein harmloses Tiefdruckgebiet, um die gewaltige Wärmekraftmaschine in Gang zu setzen. Als würde ein Badewannenstöpsel herausgezogen, beginnt die Luft zu kreisen: im Uhrzeigersinn auf der Südhalbkugel, andersherum auf der Nordhalbkugel. Am Äquator, wo der nötige Drehimpuls fehlt, sind die Menschen vor Wirbelstürmen sicher. Die Corioliskraft, eine nach dem französischen Physiker Gustave G. Coriolis (1793 – 1843) benannte Trägheitskraft, die Meeres- und Luftströmungen ablenkt und in eine gekrümmte Bahn zwingt, hat hier keinen Biß. Selbst bei größter Hitze bleibt die Atmosphäre ruhig.

Einmal in Gang, verstärkt sich der Wirbel aus eigener Kraft. Immer mehr schwüle Luft steigt in der Thermik auf und kondensiert, wobei kilometerhohe Wolkenberge emporwachsen und viel Wärme frei wird. Diese Energie kurbelt die Konvektion weiter an, die Höllenmaschine kommt immer schneller auf Touren. Obendrein dehnt sich die erwärmte Luft aus, wird leichter und entlastet die Luftsäule: Der Luftdruck sinkt, so daß noch mehr schwüle Luft in den Höllenschlund hineinströmt – weiterer Treibstoff für die Teufelspumpe.

Verirrt sich der Sturm allerdings auf das Festland, bleibt der Nachschub an Wasserdampf aus, und der Wind verliert rasch an Stärke. Auch kühle Meeresgebiete machen ihm den Garaus. Sogar harmlose Luftströmungen bringen es mitunter fertig, den Koloß im Keim zu ersticken. Gegenläufige Winde in unterschiedlichen Höhen können den rotierenden Schlot auf seiner Drift regelrecht zerreißen. Findet der Wirbelsturm dagegen günstige Entwicklungsbedingungen vor, wird er immer größer und immer stärker, bis er eine Höhe von 15 Kilometern und einen Durchmesser von 1000 Kilometern und mehr erreicht. Der Luftdruck über dem Meer kann auf Werte wie auf dem Feldberg-Gipfel purzeln. Beim pazifischen Orkan «Nancy» sank er auf 846 Hektopascal. Es wurden schon Windgeschwindigkeiten von 330 («Gilbert», 1988) und 370 Stundenkilometern («Nancy»,1961) gemessen.

Das Chaos hat aber auch eine ästhetische Seite. Aus der Satelliten-Perspektive gleicht der Sturm einem Wasserwirbel im Ausguß, den ein Konditor aus Schlagsahne geformt hat. Deutlich ist das kreisrunde, wolkenlose «Auge» zu erkennen, ein schwarzes Loch, um das die weißen Wolkenberge rotieren. Hier, im Zentrum des Sturms, weht kaum ein Lüftchen. Abgebrühte Piloten, die im Dienste der Meteorologie hineinfliegen, fühlen sich manchmal wie in einer Kathedrale. Ringsum wachsen die dichten Wolkenwände endlos hinauf, als versperrten sie den Weiterflug. Weit oben blitzt eine Stück blauer Himmel, dringt Sonnenlicht in den Höllenschlund. Zieht das 10 bis 50 Kilometer weite «Auge» über Land, gewährt es den Menschen eine kurze Verschnaufpause. Der Sturm flaut ab, als sei die Gefahr überstanden. Doch bald bricht er erneut mit ganzer Kraft los, diesmal aus der anderen Richtung.

Alle Versuche, die Naturgewalt zu bändigen, sind bisher gescheitert. Eine absurde Idee aus den fünfziger Jahren, das Meer mit einem riesigen Ölteppich zu glätten, blieb glücklicherweise in den Schubladen der Experten liegen. Der Giftfilm sollte den Sturm auf eine neue Bahn lotsen, wo er keinen Schaden anrichten könnte. Der Wirbel, so die Vorstellung, würde den Weg des geringsten Bodenwiderstands einschlagen, mithin der schillernden Ölspur folgen. In den siebziger Jahren haben die Amerikaner eine andere Idee verwirklicht: Sie impften die Wolken mit Silberjodid-Kristallen, um sie noch über dem Ozean zum verstärkten Abregnen zu zwingen. Sie wollten dem Sturm seinen Treibstoff, den Wasserdampf, entziehen, und ihn damit aus dem Gleichgewicht bringen. Ohne Erfolg: Bislang kann nur die Vorhersage die Küstenbewohner vor Schaden bewahren.

Die Prognosen der Warndienste für die nächsten 12 bis 24 Stunden sind recht zuverlässig. Diese Spanne reicht den Küstenbewohnern im allgemeinen aus, um sich gegen das Unheil zu wappnen. Auf langfristige Vorhersagen ist allerdings kein Verlaß. Obwohl den Sensoren der Satelliten kein Sturm verborgen bleibt, der sich über dem Ozean zusammenbraut, fällt es Meteorologen schwer, den Weg zu bestimmen, den er einschlagen wird. Bis heute ist nicht restlos geklärt, welche Kräfte den Sturm lenken. Der riesige Wirbel läßt sich zwar vorwiegend von der allgemeinen Luftströmung treiben, mal im gemächlichen Fußgängertrott, mal im 50-Stundenkilometer-Tempo. Er entwickelt aber auch einen eigenen Antrieb. Warme Meeresgebiete scheinen ihn wie magnetisch anzuziehen. Prof. Roger Smith von der Universität München stieß obendrein auf großräumige Wirbel, die sich wie zwei olympische Ringe an ihn lehnen. Diese atmosphärischen Walzen, viel größer als der Zyklon selbst, drehen sich langsam, im Joggertempo, gegeneinander – und geben dem Wirbelsturm dabei eine neue Marschrichtung.

Die vielen offenen Fragen lassen Computersimulationen zum Glücksspiel werden. Die Rechenmodelle können weder zuverlässig vorhersagen, ob ein Wirbelsturm entsteht, noch welchen Weg er einschlagen und welche Stärke er haben wird. Erfahrene Pragmatiker, die sich auf ihre Intuition verlassen, sind dem Computer noch immer überlegen. Die alten Füchse haben ein feines Gespür für das Verhalten der Giganten entwickelt. Sie bekommen möglicherweise bald reichlich Gelegenheit, ihre Spürnase unter Beweis zu stellen.

Klimaforscher wie der Bonner Prof. Hermann Flohn befürchten, daß die zunehmende Erwärmung der Erde unter der Treibhausglocke die Wirbelstürme anfachen wird. Schon jetzt haben sich die handwarmen Meeresgebiete, die schwülen Orkan-Wiegen, ausgedehnt. Ihre Fläche hat in den letzten 40 Jahren um 15 Prozent zugenommen. Zugleich hat sich das Wasser der tropischen Meere im Schnitt um 0,4 Grad Celsius erwärmt, und der Wasserdampfgehalt über dem Pazifik ist um 20 Prozent gestiegen, stellenweise sogar um 30 Prozent.

Hier scheinen sich dunkle Wolken zusammenzubrauen, denn nach Ansicht von Professor Kerry A. Emanuel vom Massachusetts Institute of Technology besteht ein direkter und gefährlicher Zusammenhang zwischen der Wassertemperatur und der Sturmstärke. Mit Hilfe einer Energiebilanz hat er berechnet, daß ein Orkan über 27 Grad warmem Wasser eine Geschwindigkeit von höchstens 280 Stundenkilometer erreicht, bei 34 Grad dagegen bis auf 380 Stundenkilometer beschleunigen kann. Bei der Verdoppelung der Kohlendioxidkonzentration, die im nächsten Jahrhundert zu erwarten ist, könnte dieses Horrorszenario Wirklichkeit werden. Nach den Berechnungen von Emanuel wächst dann die Gewalt von Orkanen auf das Anderthalbfache. Im Golf von Mexico und im Golf von Bengalen, den wärmsten Meeresgebieten, könnten Stürme mit Spitzengeschwindigkeiten von 400 Stundenkilometern wüten. Kein Gebäude würde dieser Gewalt widerstehen, nicht einmal ein Stahlbetonbau.

Allerdings teilen nicht alle Wissenschaftler diese schlimmen Befürchtungen. Manche Meteorologen meinen, daß nicht die Temperatur über dem Wasser allein, sondern die Temperaturdifferenz zwischen dem Kopf und dem Fuß eines Wirbelsturms die Windstärke bestimmt. Steigen die Temperaturen in Meereshöhe ebenso wie 10 und 15 Kilometer darüber, könnte alles beim alten bleiben. Aus der Anzahl der Wirbelstürme in den vergangenen Jahren läßt sich zwar noch kein eindeutiger Trend herauslesen, aber zur Entwarnung besteht kein Anlaß.

Kapitel 6
Die präzisen Killer

Tornados schlagen tödliche Schneisen

Tornados sind die wildesten Wetterturbulenzen, die es auf der Erde gibt. Ihre unbändige Kraft sprengt die Meßlatte der Beaufort-Skala mit ihren zwölf Windstärken. Meteorologen greifen meist zur Fujita-Tornadoskala, deren höchste Stufe erst bei einer Windgeschwindigkeit von 419 Stundenkilometern beginnt. Der Sturm kann Tempo 500 erreichen, das ist doppelt so schnell wie ein ICE der Deutschen Bundesbahn. Exakt läßt sich die Geschwindigkeit nur selten ermitteln, weil der Spuk schon nach wenigen Minuten vorbei ist. Meist kommen die Experten mit ihren Meßgeräten zu spät und müssen aus dem Grad der Verwüstung auf die Windstärke schließen.

Ein Tornado, der über das Land fegt und alles aufsaugt, was ihm in die Quere kommt, gleicht einem gewaltigen Staubsauger. Sein Rüssel mißt einige Dutzend bis einige hundert Meter im Durchmesser, ist schlank und lang wie ein Gartenschlauch oder dick und stämmig wie ein Elefantenfuß, mit einem breiten Ansatz an der Wolkenunterseite. Das Ungetüm, das sich aus Gewitterwolken herabsenkt, ist nicht mit einem tropischen Wirbelsturm, einem Hurrikan, zu verwechseln, der mit mehreren hundert Kilometern Durchmesser ganz andere Dimensionen hat und seine Wirbelstruktur erst aus der Satelliten-Perspektive zu erkennen gibt.

Ein Tornado ist eine lokale Wetterexplosion, ein meteorologischer Zwerg – ein Ereignis von wenigen Minuten, manchmal sogar nur Sekunden. Selten hält er eine Stunde und länger durch. Er ist viel zu schmächtig, um – wie ein Hurrikan – ganze Landstriche zu verwüsten. Klein und giftig wie ein Pinscher, fügt er der Landschaft lediglich Kratzer zu, wenn auch empfindlich tiefe. Die Spur der Verwüstung ist im Durchschnitt drei Kilometer lang und 140 Meter breit. Ungewöhnlich große Tornados können allerdings über eine Distanz von 300 Kilometern ziehen und eine kilometerbreite Bresche schlagen.

Abbildung 9
Tornado-Stärken nach Fujita.

Stärke	Bezeichnung	Windgeschwindigkeit km/h	Winddruck kg/m^2
0	leicht	62 – 117	18,4 – 66,5
1	mäßig	118 – 180	66,6 – 156,9
2	stark	181 – 253	157,5 – 308,0
3	verwüstend	254 – 332	308,9 – 530,1
4	vernichtend	333 – 418	531,3 – 843,9
5	katastrophal	über 419	über 845,4

Der Anblick eines solchen wandernden Wolkenschlauchs ist beeindruckend – aber auch gefährlich. Obwohl die Wirbel klein und überschaubar sind, gelingt es nicht jedem Zeugen, rechtzeitig davonzulaufen. Denn ein Tornado kommt mit einer mittleren Marschgeschwindigkeit von 70 Stundenkilometern daher, beschleunigt manchmal sogar auf über 100 Stundenkilometer. Unversehens kann er seine Richtung ändern, kann schwanken wie ein Betrunkener, sogar für kurze Zeit den Bodenkontakt verlieren, um sich gleich wieder herabzusenken. Selbst Autofahrer müssen sich vorsehen, wenn sie mit heiler Haut davonkommen wollen – zumal sie das Ungetüm nicht im Auge behalten können, wenn Häuser und Bäume ihnen die Sicht versperren.

Wer in die Zugbahn eines schweren Tornados gerät, hat kaum eine Überlebenschance. Selbst massive Gebäude halten den Urgewalten nicht stand. Bei Sturmstärken von halber Schallgeschwindigkeit helfen weder Stahl noch Beton, geschweige denn Holz oder

Mauerwerk. Die unglaublichen Windgeschwindigkeiten schlagen alles kurz und klein, was ihnen in die Quere kommt. Da fliegen Balken, Steine und abgerissene Äste wie Geschosse durch die Luft und durchschlagen massive Wände. Meterlange Holzlatten durchbohren die Stämme mächtiger Palmen, Hühner werden bei lebendigem Leib gerupft. Die Todesspirale saugt Autos und Häuser samt Inventar auf und spuckt die Bruchstücke Kilometer entfernt wieder aus. Sie versetzt schwere Lokomotiven und saugt ganze Teiche leer. Einmal trug ein Tornado einen 12 Meter langen und 13 Tonnen schweren Düngerbehälter wie einen Schuhkarton einen Kilometer fort.

Viele Gebäude explodieren regelrecht. Der Luftdruck kann beim Durchzug eines Tornados schlagartig um 100 Hektopascal sinken, so daß eine Kraft von einer Tonne pro Quadratmeter Dach und Wände nach außen drückt. Denn der Luftdruck im Innern eines Hauses sinkt nur langsam und wirkt deshalb wie ein Treibsatz. Der Windsog, der an den Fassaden reißt, verstärkt diesen Effekt noch. Wenn der Sturm am Haus entlangfegt, wirkt er wie eine Vakuumpumpe und steigert die Druckdifferenz erheblich. Dann fliegen Dächer und Wände davon, als würde im Innern eine Bombe gezündet.

Wer Hab und Gut verloren hat, kann das Leid nicht einmal – wie bei einem Erdbeben – mit Tausenden teilen. Es ist bitter, wenn das eigene Heim in Trümmern liegt, während die Nachbarhäuser, nur einen Steinwurf entfernt, nicht einmal eine Schramme abbekommen haben. Ein Tornado fräst eine saubere Schneise in Siedlungen und Wälder: Chaos und Normalität, Not und Alltag liegen nur wenige Schritte auseinander. Freilich richten nur wenige Tornados verheerende Schäden an. In den Vereinigten Staaten haben Wissenschaftler 20000 Tornados ausgewertet und kamen zu den Ergebnis, daß nur 2 von 100 eine Windgeschwindigkeit von mehr als 333 Stundenkilometern erreichen, jenes Tempo, das der Experte Theodore Fujita von der Universität Chicago als untere Grenze für «sehr starke» Tornados definiert hat. Diese Minderheit ist aber für 68 Prozent aller Toten verantwortlich.

Ein Tornado entsteht, wenn trockene Polarluft auf feuchtwarme Tropenluft trifft. Die unterschiedlichen Luftmassen schieben sich in- und übereinander und formieren sich zu einer labilen – und damit brisanten – Wetterlage. Finstere Gewitterwolken wachsen empor, manchmal bis in 15 Kilometer Höhe. In diesen Wolkentürmen toben heftige Turbulenzen: Kaltluft fällt kilometertief herab, und Warmluft steigt in engen Schloten auf. Nun braucht es nur noch einen schwachen Anstoß, und ein Teil der Wolkenformation beginnt zu rotieren. Der Durchmesser dieser Walzen, die am Boden nicht spürbar sind, mißt zunächst mehrere Kilometer und zieht sich erst später zusammen. In ihrem Innern sinkt der Luftdruck. Sobald die unteren Luftschichten von der Drehung erfaßt werden, senkt sich schließlich ein Rüssel aus der Wolkendecke herab – ein Tornado ist geboren, ein weißer Wolkenschlauch. Der tiefe Luftdruck in seinem Innern läßt Wasserdampf kondensieren, was ihm die helle Farbe gibt. Sobald der Tornado allerdings den Boden berührt, macht er sich seinen «Fuß» gehörig schmutzig: Der aufgelesene Dreck färbt seine untere Partie dunkel, machmal rot von aufgewirbeltem Lehm, oder gelb, beim Überqueren von sandigem Terrain.

Die meisten Tornados wüten im Mittleren Westen der Vereinigten Staaten. Hier, wo die Gebirgskette der Rocky Mountains wie eine Leitschiene trockene Polarluft aus Kanada und feuchtwarme Tropenluft aus dem Golf von Mexiko aufeinanderprallen läßt, fielen ihnen in diesem Jahrhundert mehr als 10000 Menschen zum Opfer. Bei entsprechender Wetterlage können innerhalb weniger Tage mehr als 100 Tornados entstehen. Insgesamt werden in den USA im Durchschnitt 800 Tornados pro Jahr gezählt, manchmal mehr als 1100. Ihre Zahl nimmt seit der systematischen Erfassung 1953 zu – wobei die Experten allerdings noch grübeln, ob diese Tendenz der Wirklichkeit entspricht oder nur die Folge eines dichteren Beobachtungsnetzes ist. Drei von vier Tornados wüten zwischen März und Juli, wenn der Temperaturunterschied zwischen Polarluft und maritimer Tropenluft besonders kraß ist. Gefährdet sind vor allem die Staaten Texas, Oklahoma, Kansas, Iowa und Nebraska, die den tückischen «Tornado-Korridor» bilden. Am 3. und 4. April 1974 richtete dort eine einzige Serie von 148 Tornados einen Schaden von rund einer Milliarde Dollar an und tötete 322 Menschen. Ein halbes Jahrhundert zuvor, im März 1925, starben sogar 739 Menschen.

Im Prinzip können sich die explosionsartigen Wirbel überall auf der Welt bilden, auch in Deutschland. Am 10. Juli 1968, einem sehr schwülen Tag, schlug der «Tornado von Pforzheim» eine

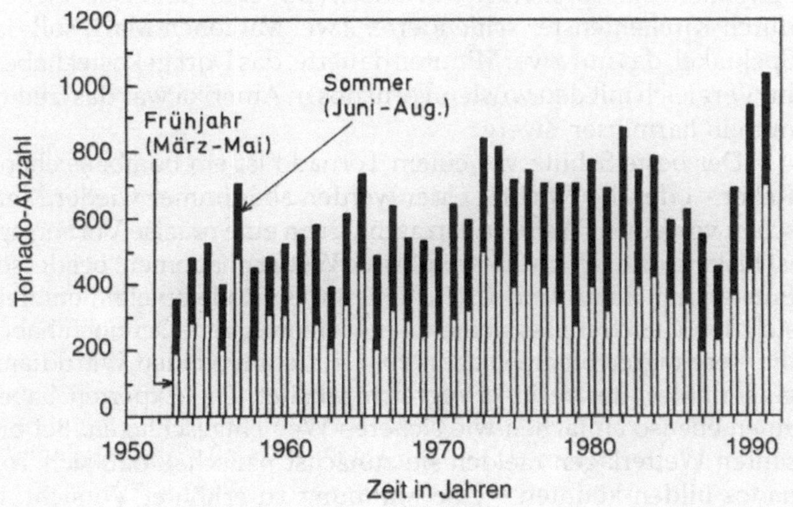

Abbildung 10
Entwicklung der Anzahl der Tornados in den USA.

Schneise in die nördlichen Ausläufer des Schwarzwalds. Der Wirbelsturm zog quer durch die 100 000-Einwohner-Stadt, tanzte über Berge und Täler und löste sich erst nach 27 Kilometern auf. Auf einer Breite von 200 bis 600 Metern knickte er Bäume um, warf Hochspannungsmasten von den Fundamenten und ruinierte mehr als 1000 Häuser. Insgesamt entstand ein Schaden von über 100 Millionen Mark, zwei Menschen kamen um. Experten errechneten aus dem Grad der Zerstörung eine Windgeschwindigkeit von mindestens 270 Stundenkilometern.

Nur ein Jahr zuvor, am 25. Juni 1967, fegte ein Tornado vergleichbarer Stärke über den Norden Frankreichs hinweg. In Großbritannien werden sogar jedes Jahr rund 30 Tornados gezählt, wobei jeder zehnte Windgeschwindigkeiten von 180 Stundenkilometer und mehr erreicht. Tornados zerstörten am 31. Juli 1987 in Kanada Werte von rund 300 Millionen Dollar und töteten im April 1977 in Bangladesh 900 Menschen. Und erst am 12. September 1994 wurde aus dem deutschen Dorf Riepe in Niedersachsen ein Tornado gemeldet, der, wie Augenzeugen erzählten, «Satelliten-

Antennen wie Äpfel von den Häusern pflückte» und Dachziegeln durch Kirchenfenster schleuderte. Zwei Millionen Mark soll das Spektakel, das nur zwei Minuten dauerte, das Dorf gekostet haben. Im Vergleich mit den wüsten Tornados in Amerika war das freilich nur ein harmloser Zwerg.

Der beste Schutz vor einem Tornado ist ein bombensicherer Keller – oder die Flucht. Leider werden aber immer wieder Menschen von einem Wirbel überrascht, denn eine präzise Vorhersage ist bislang unmöglich. Das explosive Wetterphänomen, bei dessen Entstehung Zufall und Chaos eine große Rolle spielen, entzieht sich den Gleichungssystemen der Meteorologen. Dennoch haben die Vereinigten Staaten schon vor Jahrzehnten einen Warndienst eingerichtet, der recht erfolgreich arbeitet. Die Experten haben einen ebenso einfachen wie sicheren Weg eingeschlagen: Bei brisanten Wetterlagen melden sie zunächst pauschal, daß sich Tornados bilden könnten – eine Mahnung zu erhöhter Vorsicht. In den nächsten Stunden und Tagen behalten sie alle Wolkenformationen im Auge, die als Tornado-Wiegen gelten. Sobald sich ein Schlauch herabsenkt, geht eine Warnung an Funk und Fernsehen heraus.

Inzwischen gelingt es Wissenschaftlern manchmal sogar, dem Unheil um eine halbe oder eine ganze Stunde zuvorzukommen. Mit Hilfe von Doppler-Radar ermitteln sie, ob im Innern der kritischen Cumulonimbus-Türme die Luft rotiert – ein Indiz für die Entstehung eines Tornados. Das Gerät mißt die Geschwindigkeiten von Wassertröpfchen und Staubteilchen, wobei das Doppler-Prinzip genutzt wird, jenes Phänomen, das man beim Vorbeifahren eines Feuerwehrautos studieren kann: Beim Heranfahren klingt das Martinshorn heller als beim Davonfahren. Die Messung in den Gewitterwolken hat allerdings einen Haken: Längst nicht jede rotierende Wolkenzelle gebiert einen Tornado. Selbst Radar-Messungen aus dem Weltraum können die Zweifel nicht beseitigen.

Wenn auch eine exakte Vorhersage nicht gelingt, wahrscheinlich auch niemals gelingen wird, so haben die Meteorologen doch enorme Fortschritte bei der Erforschung von Tornados gemacht. Noch vor wenigen Jahrzehnten waren ihnen die seltsamen Wolkenschläuche völlig fremd, denn es gelang ihnen nicht, Meßinstrumente rechtzeitig an Ort und Stelle aufzustellen. So konnten sie nicht einmal die Windstärke messen, geschweige denn erklären, was sich über dem sichtbaren Teil des Rüssels, in den Wolken, abspielt. Seit Ende der sechziger Jahre schickt das «National Severe Storms Laboratory» der «National Oceanic and Atmospheric Administration» (NOAA) im Bundesstaat Oklahoma regelmäßig Tornado-Jäger ins Feld. Die Experten fahren mit Minibussen, die mit empfindlichem Gerät vollgestopft sind, den bösartigen Wolken hinterher. Das mobile Labor ist rasch betriebsbereit und liefert in Sekundenschnelle Daten über Windgeschwindigkeit, Windrichtung, Luftdruck, Temperatur und elektrische Feldstärke. Auch ein Computer und Meßballons gehören zur Ausrüstung. Freilich erwischen die Forscher längst nicht jeden Tornado und sitzen oft stundenlang vergeblich hinterm Steuer.

Diesen wissenschaftlichen Abenteurern ist es zu verdanken, daß die Entstehung eines Tornados inzwischen halbwegs geklärt ist. Allerdings bleiben noch immer viele Fragen offen. Rätsel geben vor allem die sehr starken Tornados auf. In ihrem Innern spielt sich eine hochkomplizierte Dynamik ab, ein Gewirr von Auf-, Ab- und Umwinden. Oft rotieren mehrere Wirbel auf engstem Raum nebeneinander und verzwirbeln sich wie ein Zopf. Manchmal lösen sich auch kleine Wirbel vom Hauptwirbel ab – ein ähnliches Phänomen, das im größeren Maßstab bei Hurrikans beobachtet wird, die an ihren Rändern Tornados hervorbringen können. Um das ganze Durcheinander der Luftströmungen im Detail erfassen zu können, ist das Auflösungsvermögen des Doppler-Radars zu gering. Hoffnungen setzten die Tornado-Jäger inzwischen auf Laser-Messungen. Wenn diese Methode zufriedenstellende Ergebnisse liefert, werden sie sich mit frischem Elan in ihre Minibusse setzen und ihren gefährlichen Forschungsobjekten hinterherfahren.

Sie sind dabei in illustrer Gesellschaft. In den Vereinigten Staaten hat sich eine kuriose Art von Abenteuer-Tourismus breitgemacht. Anstatt am Gummiseil von Brücken zu springen, sucht eine Schar verwegener Burschen den Nervenkitzel auf der Tornado-Jagd. Wochenlang fahren die Männer jeder Gewitterwolke hinterher, im Schlepp stets mehrere Reporter-Teams, die für Fernsehanstalten exklusive Bilder einfangen wollen. Die fanatischsten unter ihnen nehmen sogar Sonderurlaub, um keinen Tag der Tornado-Saison zu versäumen.

Aus den Jägern können allerdings rasch Gejagte werden. In Kansas mußten Sensations-Touristen 1991 fest aufs Gaspedal treten, als sie in die Zugbahn der Bestie gerieten, hinter der sie her waren. Auf einer Schnellstraße rasten sie davon – vergeblich. Unter einer Brücke, wo sie im letzten Moment Schutz suchten, holte sie der flinke Tornadoschlauch ein, nachdem er noch rasch einen Lieferwagen in die Luft geschleudert hatte. Sie hatten Glück und kamen mit dem Leben davon – es war nur ein kleiner Tornado.

Kapitel 7
Auf der Kippe

Wenn Berghänge ins Rutschen kommen

Anfang der siebziger Jahre entstand in Plasselb im Schweizer Kanton Freiburg eine neue Feriensiedlung. Bergfreunde aus dem In- und Ausland erfüllten sich den Wunsch vom eigenen Chalet in idyllischer Hanglage. Sie dachten nicht im Traum daran, daß die Natur ihnen einen Strich durch die Rechnung machen könnte. Dabei hätte sie der Flurname warnen sollen, den Einheimische dem Baugrund vor Urzeiten gegeben hatten: «Falli-Hölli». Der Hang fällt zwar nicht geradewegs zur Hölle, rutscht aber langsam ins Tal des Höllbachs ab. Jahrelang krochen die Gesteinsmassen nur wenige Zentimeter pro Jahr dahin, zu träge, um Schaden anzurichten. Aber im Sommer 1994 beschleunigten sie unvermittelt, entwickelten ein Tempo von einem halben Meter pro Tag und mehr. Die Häuser, die huckepack mitfuhren, brachen auseinander. Den verstörten Besitzern wurde der Zugang versperrt. Denn schon bald, so befürchteten die Behörden, würde der ganze Hang in einem gewaltigen Bergrutsch hinabpoltern und dem Höllbach den Lauf versperren.

Das Beispiel «Falli-Hölli» ist kein Einzelfall. Überall auf der Welt, wo Berge und Hügel aufragen, zerrt die Schwerkraft am Gestein und bringt gewaltige Massen in Bewegung. Baumstämme mit gekrümmtem Fuß, die schräg aus dem Boden wachsen, sind ein sicheres Zeichen, daß die obere Bodenschicht herabkriecht. Die Bäume gleichen die Schräglage aus, in die sie der dynamische

Untergrund immer wieder zwingt – und werden krumm wie eine Sichel. Auch ein abgetreppter Hang kann bedeuten, daß Gesteinspakete auf Talfahrt sind. Die Geländevorsprünge entstehen, wenn der kriechende Boden Falten wirft. Manchmal sind die gleitenden Schichten allerdings so dick, daß solche Indizien fehlen. Ein Hang, der bis in eine Tiefe von 10, 20 oder 100 Metern abrutscht, nimmt alles unbeschadet mit hinab, was auf ihm steht: Wälder, Häuser und ganze Ortschaften.

In Japan mit seinen vielen Bergen gelten mehr als 58 000 Hänge als akut rutschgefährdet, jedes Jahr gehen dort mehr als 100 größere Erdrutsche und Bergstürze nieder. Auch in den Alpen wimmelt es von Problemzonen. Das Bayerische Geologische Landesamt hat allein im bayerischen Teil 800 Hänge erfaßt, die ihre Stabilität verloren haben und im Schneckentempo – wie Gletscher – abwärts kriechen. Die Berge der Alpen sind nicht nur schroff und abschüssig, so daß die Gravitation leichtes Spiel hat. Sie werden auch mit jedem Jahr steiler und gewinnen an Höhe. Der geologische Prozeß, dem das Gebirge seine Entstehung verdankt, ist längst noch nicht abgeschlossen. Noch immer drückt die Afrikanische Platte von Süden gegen Europa und schiebt die Gesteinsmassen tiefer ineinander: Die Alpen als gewaltige Knautschzone wachsen. Fein-Nivellements haben Hebungsraten bis zu 1,5 Millimetern pro Jahr ergeben, wobei die Spitzenwerte vor allem in den Südalpen, im Wallis, Engadin, Rheintal und Tessin gemessen wurden. Diese Dynamik nimmt immer wieder ganzen Bergflanken ihre Stabilität und bringt sie ins Rutschen.

Andere Faktoren verschärfen die Gefahr. Noch vor rund 10000 Jahren, während der letzten Eiszeit, füllten kilometerhohe Gletscher die Täler und hobelten sie U-förmig aus. Ihr Druck gab den steilen Hängen Halt. Als die Eismassen abschmolzen, mußte der Boden zu einem neuen Gleichgewicht finden – ein Vorgang, der noch immer nicht abgeschlossen ist. Obendrein tauen inzwischen in den Hochlagen viele Dauerfrostböden auf. Wo Eiskristalle bislang Schutt und Geröll zu einer betonharten Kruste verschweißten, geht nun die Stabilität verloren. Gipfelregionen, die seit Jahrtausenden bis zu hundert Meter tief gefroren waren, weichen auf. Mit Erdrutschen, Bergstürzen und Muren müssen deshalb selbst solche Orte rechnen, die seit Menschengedenken ihre Ruhe hatten. Das Problem wird sich in Zukunft voraussichtlich noch verschärfen, da Klimatologen für die kommenden Jahrzehnte – als Folge des anthropogenen Treibhauseffekts – weiterhin steigende Temperaturen und starke Niederschläge vorausgesagt haben. In den Hochlagen tickt eine Zeitbombe.

In den tieferen Regionen sieht es nicht viel besser aus. Hier gehen immer mehr Wälder verloren, die – besser als jeder technische Eingriff – Hänge gegen das Abrutschen schützen. Die Wurzeln geben dem Boden Halt und versiegeln ihn. Sie verhindern, daß Erdreich fortgeschwemmt wird und die Erosion Angriffsflächen findet. Zudem saugen sie das Regenwasser auf, so daß keine Sturzbäche hinabschießen und Bergflanken aufreißen können. Die Feuchtigkeit gelangt über Wurzeln und Stamm in die Baumkronen, wo sie schließlich verdunstet. Sie bleibt nicht im Boden, wo sie immer tiefer in den Untergrund sickern würde. Wälder binden das Wasser in einen natürlichen Kreislauf, geben es der Atmosphäre zurück und machen es damit unschädlich.

Nichts ist im Untergrund so verhängnisvoll wie stehendes Wasser. Es füllt die Poren im Erdreich und im Gestein, drückt die Partikel auseinander und nimmt ihnen damit den Halt. Es wirkt wie ein Schmiermittel. Besonders gefährdet ist Lockergestein, das, wassergesättigt, zur haltlosen Pampe wird. Auch geschichtetes Gestein, dessen Fugen parallel zum Hang verlaufen, verliert leicht seine Stabilität. In seinem Innern können sich regelrechte Rutschbahnen bilden. Viele Böden, die in trockenem oder halbfeuchtem Zustand enorme Standfestigkeit besitzen, geraten aus dem Gleichgewicht, wenn sie vor Nässe triefen. Das zeigt sich in den Tropen noch viel deutlicher als in den Alpen. Wenn bei einem tropischen Wirbelsturm sintflutartige Regenfälle niedergehen, kommen stets zahlreiche Hänge ins Rutschen, blockieren Straßen und begraben Häuser unter sich. Als im Oktober 1993 der Taifun «Flo» auf den Philippinen wütete, wurden große Teile des bergigen Landes von der Außenwelt abgeschnitten, weil die Straßen unpassierbar geworden waren.

Zum Jahresende 1993 entfaltete das Wasser auch in Deutschland seine fatale Wirkung. Anhaltende Regenfälle, die zum verheerenden Weihnachtshochwasser führten (siehe Kapitel «Land unter»), lösten an vielen Stellen Erdrutsche aus. In Besigheim, in der Nähe von Stuttgart, donnerte ein 100 mal 40 Meter großes Stück eines terrassierten Weinbergs – rund 3000 Kubikmeter Erde und Geröll samt Rebstöcken – in die Tiefe und blockierte tagelang die vielbefahrene Bahnstrecke von Stuttgart nach Heilbronn. Auf dem Hang, in bester Südlage, wird so schnell kein Trollinger mehr wachsen.

Auch flache Hänge sind vor der Tücke der Schwerkraft nicht sicher. Am 30. November 1977 kam in Schweden, im Göteborger Vorort Tuve, eine ganze Siedlung ins Schlittern, obwohl jeder Radfahrer die Steigung ohne Mühe bewältigt hätte. Der wassergesättigte Boden hatte sich verflüssigt und schwamm regelrecht davon – und mit ihm 67 Villen und Reihenhäuser. Die schmucke Siedlung verwandelte sich in eine Trümmerlandschaft, ein Chaos aus geborstenen Wänden, verstreuten Ziegeln, Holzbalken, riesigen Pfützen und graublauem Lehm. Neun Menschen starben darin. Doch das Unglück war absehbar: Die Gebäude standen auf einer 10 bis 30 Meter mächtigen wassergetränkten Lehmschicht (siehe Grafik auf S. 79), die dazu neigt, bei Störungen – Vibrationen oder Belastung – für kurze Zeit zähflüssig zu werden und wie ein Brei zu fließen.

Im Herbst vor der Katastrophe hatte es ungewöhnlich stark geregnet, allein im November fielen über 200 Millimeter Niederschlag. Das Wasser wusch nicht nur Salze aus dem Boden, die dem Lehm Halt gegeben hatten, sondern strömte auch durch eine dünne Sandschicht tief im Untergrund, die den anstehenden Fels vom aufliegenden Lehm trennte. Auf dieser Schicht glitt das ganze Paket wie auf einer Rutschbahn herab. Bei der dabei unvermeidlichen Schüttelei verlor der Lehm vollends seinen inneren Halt und geriet in den gefürchteten flüssigen Zustand. Auf dem Lehmbrei «schwammen» einzelne Gebäude 300 Meter weit. Heute steht kein Haus mehr auf dem gefährlichen Terrain, aus dem Katastrophengebiet ist ein Park geworden.

Während der Hang in Tuve auf seiner Katastrophenfahrt nur Joggertempo erreichte, entwickeln rutschende und stürzende Gesteinsmassen im steilen Hochgebirge mitunter Rennwagen-Geschwindigkeit – und richten noch weit entfernt erhebliche Zerstörungen an. Wassergesättigter, fließfähiger Boden donnert als Mure sogar mit einigen hundert Stundenkilometern herab und zertrümmert alles, was ihm im Weg steht. Diese gefürchteten Steinlawinen, die man auch Lahn, Gieße oder Rufe nennt, preschen nach einem Wolkenbruch oder bei der Schneeschmelze durch die Betten von

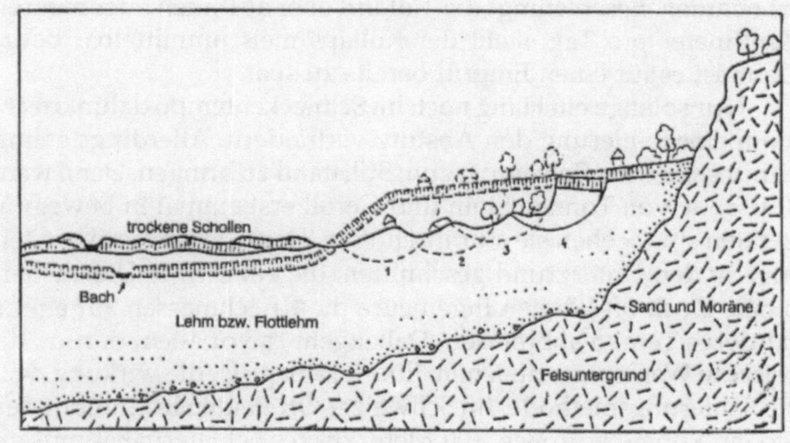

Abbildung 11
Im schwedischen Tuve rutschte ein flacher Hang ab, nachdem sich eine Lehmschicht verflüssigt hatte.

Wildbächen. Auch ein Erdbeben kann einem labilen Hang den letzten Halt nehmen. Am 31. Mai 1970 lösten sich in Peru nach Erdstößen von einem Nebengipfel des 6768 Meter hohen Huascarán rund 50 Milliarden Kubikmeter Eis und Gestein, rasten die Bergflanken hinab und erreichten innerhalb weniger Minuten die Stadt Yungay, 25 Kilometer entfernt. Der Schuttstrom begrub 20000 Menschen unter sich.

Um solche Desaster zu verhindern und Menschenleben zu retten, muß man die Gefahr, die sich in der Höhe zusammenbraut, frühzeitig erkennen. Das Bayerische Geologische Landesamt hat Ende der achtziger Jahre das «Georisk-Projekt» gestartet: Wissenschaftler behalten in den bayerischen Alpen alle kriechenden Hänge im Auge, um gegebenenfalls einzugreifen. In der Schweiz setzen Ingenieurgeologen der Eidgenössischen Technischen Hochschule Zürich vereinzelt sogar das teure Satelliten-Navigationsverfahren GPS (Global Positioning System) ein, um die unscheinbaren Bewegungen zu ermitteln. Meist müssen freilich herkömmliche Vermessungsmethoden mit Reflektoren, Theodoliten und Triangulation genügen. Bei Kriechgeschwindigkeiten von wenigen Zentimetern pro Jahr droht im allgemeinen keine Gefahr. In diesem Tempo driften ganze Dörfer hinab, ohne größeren Schaden zu nehmen. Beschleunigt die Talfahrt aber auf einen oder mehrere Zentimeter pro Tag, steht der Kollaps meist unmittelbar bevor. Dann ist es für einen Eingriff bereits zu spät.

Nur solange ein Hang noch im Schneckentempo dahinkriecht, kann eine Sanierung den Absturz verhindern. Allerdings gelingt es nur selten, die Bewegung zum Stillstand zu bringen. Denn wenn Tausende von Tonnen Stein und Geröll erst einmal in Bewegung geraten sind, gehen sie stur ihren Weg. Dann haben sie eine Gleitfuge in den Untergrund geschnitten, die ein ewiger Unruheherd bleibt. Doch oft können Ingenieure die Kriechmassen auf ein gefahrloses Tempo abbremsen. Dabei geht es vor allem darum, das brisante Wasser zu entziehen: Eine Drainage ist die wirkungsvollste Sanierungsmethode. Im Schweizer Ort Peiden in Graubünden, wo ein kilometergroßes, 100 Meter dickes Schieferpaket mitsamt mehreren Dörfern seit mehr als 100 Jahren hinabdriftet, bremste eine Entwässerung das Tempo von 28 auf 10 Zentimeter pro Jahr. Eine Rutschmasse in Braunwald im Glarnerland legt sogar nur noch einen Zentimeter im Jahr zurück, gegenüber acht bis zehn Zentimetern vor dem Eingriff. Viele Touristen verbringen in diesem Luftkurort ihre Ferien, ohne überhaupt etwas von der Dynamik unter ihren Füßen zu ahnen.

Wenn eine Drainage allein nicht hilft, geht eine Sanierung meist ins Geld. Ingenieure haben ein ganzes Sortiment von Methoden entwickelt, um gefährdete Hänge und Böschungen zu sichern. Sie treiben robuste Pfähle oder Anker tief in den Untergrund und nageln damit das rutschende Erdreich gewissermaßen am stabilen Fels fest. Manchmal spannen sie zusätzlich ein Stahlnetz über die Ankerköpfe, um das lockere Gestein – wie die Haare im Dutt – zusammenzuhalten. An brüchigen Straßenböschungen kann man solche Konstruktionen manchmal sehen. Auch Dämme und Stützwände geben mancher labilen Böschung Halt. Diese technisch aufwendigen Methoden lohnen sich freilich nur bei relativ kleinen Gleitflächen. Wenn, wie in Peiden, ein 100 Meter dickes Gesteinspaket in Bewegung geraten ist, müssen es die Experten bei einer Drainage bewenden lassen. Natürlich können sie sich auch von der Natur unter die Arme greifen lassen, indem sie für einen dichten Baumbestand sorgen. Wälder helfen nicht nur bei der Entwässerung den Bodens und entschärfen damit die Rutschgefahr, sondern schützen auch vor Lawinen, diesem weißen Verhängnis.

Abbildung 1 – Auf der isländischen Insel Heimaey versank 1973 die evakuierte Hafenstadt Vestmannaeyjar unter Vulkanasche.

Abbildung 2 – Ein heißer Lavastrom verschlingt 1973 ein Haus auf Heimaey.

Abbildung 3 – Aus der Satellitenperspektive gleicht ein tropischer Wirbelsturm

Abbildung 4 – Ein starker Tornado, wie dieser in Tennessee, schlägt jedes Gebäude kurz und klein.

Abbildung 5 – Ein Erdbeben hat in einer Straße eine Spalte aufgerissen (Mexiko, 1985).

Abbildung 6 – Nach dem Waldbrand im Yellowstone-Park: erst das Feuer ließ diese Samen keimen.

Kapitel 8

Das weiße Verhängnis

Lawinen gehen auf den Strich

Die Schweizer Gemeinde Davos ist schwer bewaffnet, als stünde ihr ein Krieg bevor: In ihren Arsenalen lagert großkalibrige Munition im Wert von rund 45000 Franken. Der Feind, gegen den sich der friedliche Ferienort gerüstet hat, schwebt harmlos aus den Wolken und nistet sich an den Berghängen ein. Es ist Schnee, der sich am Boden sammelt und manchmal mit Donnergetöse von den Bergen stürzt. Mitarbeiter der Lawinendienste feuern – voll Rohr – aus Kanonen und Raketenwerfern auf gefährliche Hänge, damit sich die weißen Massen in Bewegung setzen, bevor sie zu katastrophaler Größe herangewachsen sind.

Lawinen haben seit 1945 in den Alpen mehrere tausend Menschen getötet. Allein in der Schweiz werden Jahr für Jahr durchschnittlich 26 Männer und Frauen von Schneemassen erstickt, erdrückt oder in den Kältetod getrieben. Weltweit gehen rund 250000 größere Lawinen pro Jahr nieder, davon allein in der Schweiz etwa 20000. Im Ersten Weltkrieg benutzten italienische und österreichische Soldaten, die sich im Hochgebirge gegenüberstanden, den Schnee sogar als heimtückische Waffe. Was heute für Sicherheit sorgt, brachte damals den Tod: Mit Granaten lösten Gebirgsjäger Lawinen aus, unter denen, so schätzt man, zwischen 40000 und 60000 Kameraden starben. Auch in Friedenszeiten gibt es immer wieder Katastrophen. 1970 kamen im Schweizer Dorf Reckingen 30 Menschen um, als Schneemassen eine Offiziersunterkunft zertrümmerten. Und im November 1994 riß ein Schneebrett elf Touristen in den Tod, die im nepalesischen Anapurna-Gebiet – bei einer organisierten Tour – auf dem Weg zum Pisang Peak waren.

Kaum zu glauben, daß die filigranen Kristalle, die federleicht herabschweben, zu solch roher Gewalt fähig sind. Sie legen sich am Boden zu Abertausenden aufeinander: leichter Pulverschnee und klebriger Pappschnee, sechsstrahlige Sternchen und hauchfeine Plättchen. Mit jedem Schneefall wächst die Schneedecke. Manchmal taut die Oberfläche in der Sonne auf und friert in der Nacht wieder fest, oder Rauhreif bildet sich und wird später zugeschneit. So entsteht ein geschichtetes Schneeprofil, das sich im Laufe von Wochen immer wieder verändert. Auch innerhalb der Schneedecke, wo Temperaturunterschiede bis zu 30 Grad Celsius herrschen, tut sich etwas. Wasserdampf aus den bodennahen Schichten, in denen die Temperatur niemals weit unter den Gefrierpunkt sinkt, steigt nach oben und friert in den kalten Lagen fest. All diese Einflüsse verwandeln den Schnee, machen aus den feinen Kristallen harte Körner und lassen sie manchmal zu millimetergroßen becherförmigen Kristallen heranwachsen: dem berüchtigten Schwimmschnee. Diese brüchigen Hohlformen wirken am Berghang wie eine Sollbruchstelle. Auf einem Schwimmschneehorizont können die darüberliegenden Schneemassen wie auf einer Gleitfuge abrutschen. Auch eine Zwischenlage Rauhreif ist wegen ihres geringen Reibungswiderstands eine latente Gefahr.

Der Schnee setzt sich allerdings erst in Bewegung, wenn sein Gleichgewicht gestört wird. Jeder heftige Schneefall versetzt die Warndienste in erhöhte Alarmbereitschaft, weil das Gewicht des Neuschnees vehement am Kristallgefüge zerrt. Im Frühjahr, in der lawinenreichsten Jahreszeit, treiben Regen und Tauwetter die Schneemassen ins Tal. Auch Skifahrer, die mit ihren scharfen Stahlkanten tief in die Schneedecke schneiden, treten immer wieder Lawinen los. Gefährdet sind Hänge mit Neigungen zwischen 28 und 50 Grad. Im flachen Gelände kommt der Schnee erst gar nicht ins Rutschen, und an sehr steilen Bergflanken findet er keinen Halt, stürzt bereits hinunter, wenn er noch keinen großen Schaden anrichten kann.

Besonders gefürchtet sind Staub- oder Trockenlawinen, die aus der Ferne wie entfesselte Cumuluswolken aussehen. Sie entstehen bei klirrendem Frost, wenn eine hohe Pulverschneeauflage in Bewegung gerät. Beim Sturz über Felsen oder unebenes Gelände wirbelt der lockere Schnee auf und reißt eine riesige Luftmasse mit. In den Turbulenzen zerstäubt das weiße Pulver so fein, daß seine Dichte auf fünf bis zehn Kilogramm je Kubikmeter sinkt – leichter als lockere Flaumfedern. Die Lawine gleicht mehr einem Sturm als einem Bergsturz. Manchmal rast sie mit 300 Stundenkilometern die Hänge hinab und schiebt eine Druckwelle vor sich her, die Bäume umknickt und Häuser zerfetzt. In Österreich fegte ein «Lawinenorkan» einen Bus von einer Brücke und tötete 23 Insassen, obwohl keine Schneeflocke das Fahrzeug berührt hatte. Wer in eine Staublawine gerät und den ersten Stoß überlebt, stirbt oft daran, daß ihm das feine Luft-Schnee-Gemisch heftig in die Lunge gedrückt wird und den Atem nimmt. Zum Glück ist dieser Lawinentyp relativ selten.

In der Regel donnern Grund- oder Feuchtlawinen von den Bergen herab. Sie sind nicht schneller als ein Freizeit-Skifahrer, wenn er die Bretter laufen läßt: meist um die 50, selten 100 Stundenkilometer. Die schweren, pappigen Schneemassen, die manchmal vor dem Kollaps tagelang zentimeterweise den Hang herabkriechen, wühlen auf ihrer Schußfahrt den Boden auf, reißen Erdklumpen mit und setzen sogar große Steinblöcke in Bewegung. Sie werden dabei zu brettharten Klumpen zusammengepreßt, die eingeschlossene Menschen wie in einen Schraubstock zwängen. Schon mancher Verschüttete konnte sich aus eigener Kraft nicht befreien, obwohl er nur 20 oder 30 Zentimeter unter der Oberfläche lag. Der kompakte Schnee macht jede Bewegung unmöglich und das Atmen schwer. Schon nach einer halben Stunde ist die Hälfte der Opfer tot, meist erstickt. Nach einer Stunde lebt nur noch jeder Dritte. Glücksfälle wie im Dezember 1974 in Mittenwald, als ein 16 Jahre alter Junge eine 20stündige Gefangenschaft überlebte, gehören zu den Ausnahmen.

Nur schnelle Hilfe kann Verschüttete retten. Zeugen eines Unglücks sollten deshalb sofort mit der Suche beginnen und dabei Skier oder Skistöcke als Sondierstangen verwenden. Bis die Rettungsmannschaften mit ihrer Spezialausrüstung eintreffen, vergehen meist Stunden. Aber auch dann besteht noch Hoffnung. Viele Verschüttete verdanken ihr Leben ausgebildeten Spürhunden, die Menschen noch aus 30 Meter Entfernung wittern und meist schon nach wenigen Minuten finden. Die Schnapsflasche am Hals des Bernhardiners gehört allerdings ins Reich der Mythen – auch wenn ein Geretteter einen kräftigen Schluck gut brauchen kann. Das Rum-Fäßchen gab es noch nie, und den Bernhardiner hat inzwischen der Deutsche Schäferhund abgelöst, der seine Lektionen rascher lernt.

Trotz der vielen Lawinen, die jedes Jahr abgehen, bleiben in den Alpen die Zahl der Toten und die Höhe der Schäden relativ gering. Das ist vor allem den Lawinenwarndiensten und den zahlreichen Schutzbauten zu verdanken. Wenn hin und wieder einzelne Wintersportler verschüttet werden, sind sie meist selbst schuld. Snowboard-Akrobaten und Tiefschnee-Freaks, denen die gewalzten Pisten keinen Reiz mehr bieten, riskieren Kopf und Kragen, wenn sie durch die unberührte Natur brettern. Prinz Charles, der britische Thronfolger, gehörte zu den Leichtsinnigen. Bei Davos löste er 1988 mit seinen Begleitern eine Lawine aus, in der ein Freund von ihm starb. Die Gefahr, die in der weißen Pracht lauert, läßt sich oft nur schwer abschätzen. Selbst erfahrene Bergführer geraten bisweilen unversehens in brenzlige Situationen.

Die Warndienste sind zwar nicht in der Lage, jede einzelne Lawine vorherzusagen, aber sie können – abhängig von Wetter- und Schneeverhältnissen – die Gefahr abschätzen. Dabei hilft ihnen, daß Lawinen immer wieder dieselben Routen einschlagen. Die Schneemassen gehen auf den Strich: Sie folgen sogenannten Lawinenstrichen oder Lawinenzügen. Bei anhaltendem starkem Schneefall werden Straßen und Bahnlinien, die diese Gefahrenzonen kreuzen, gesperrt. Zudem halten sich bei einem Alarm Rettungsdienste, Ärzte und Lawinenspezialisten samt Suchhunden in Bereitschaft. Ski- und Snowboardfahrer müssen pausieren, solange das Lawinenwetter anhält.

Die Kenntnis der brisanten Gebiete hilft vor allem bei der Vorsorge. Ingenieure schützen Siedlungen und Verkehrswege, die im Einzugsgebiet von Lawinen liegen, indem sie die entfesselten Schneemassen in einer engen Bahn halten, abbremsen oder gar nicht erst ins Rutschen kommen lassen. In den bayerischen Alpen wird jeder fünfte der rund 700 registrierten Lawinenstriche auf die eine oder andere Art gesichert: Stark frequentierte Straßen, die auch im tiefen Winter offen bleiben sollen, verschwinden unter massiven Dächern, sogenannten Galerien. In der Nähe von Ortschaften lenken meterhohe Wälle, Dämme und Bremshöcker die Lawinen in ungefährliche Bahnen oder nehmen ihnen die Energie. Alte Gebäude strecken dem Hang bisweilen einen massiven Keil entgegen, der die Schneemassen teilt wie ein Schiffsbug das Wasser. Hoch oben am Berg halten Lawinenverbauungen den Schnee fest, damit er erst gar nicht in Bewegung kommt. Barrikaden aus rostigem Stahl, eine über der anderen, verschandeln viele Bergmassive. Und natürlich kommen die Sprengmeister zum Zug, die mit Granaten, Raketen und Sprengladungen den weißen Massen zuleibe rücken. Allein in der Schweiz werden jedes Jahr rund 10 000 Lawinen losgesprengt. Nicht zuletzt müssen sich die Bebauungsrichtlinien der weißen Gewalt beugen: Auf gefährlichen Lawinenstrichen dürfen neue Häuser erst gar nicht gebaut werden.

Das war vor einigen Jahrzehnten noch ganz anders. Als der Massentourismus in den Alpen einsetzte, verdrängte Geschäftssinn die Vorsicht der Väter. Wo das schnelle Geld winkte, war für kleinliche Bedenken kein Platz. In Davos etwa, das sich Ende des vorigen Jahrhunderts rasch vom verschlafenen Weiler zum exklusiven Winter- und Luftkurort entwickelte, kannte der Bauboom keine Grenzen: Mitten auf Lawinenzügen wuchsen Hotels und Sanatorien empor. Die Quittung kam 1919, ausgerechnet an Weihnachten. Eine Lawine richtete erhebliche Schäden an und tötete sieben Menschen.

Andere Alpenorte schlugen denselben Weg ein, expandierten ebenfalls ohne einen Blick nach oben. Oft opferten sie große Waldstücke für den Wintersport. Schon seit Jahrhunderten schrumpfen die Alpenwälder. Zwar wußten schon die Menschen im Mittelalter, daß Wald vor Lawinen schützt, und bestraften Waldfrevler hart. Wer im «Bannwald» Bäume schlug und erwischt wurde, landete auf dem Schafott. Geschützt wurde aber meist nur ein schmaler Streifen oberhalb der Häuser. Ringsum fielen die Bäume, mußten Almen weichen, landeten als Brennholz im Ofen oder als Bauholz unterm Dach. Als die Gemeinden dann – mit dem aufkommenden Massentourismus – wuchsen, gaben sie sich plötzlich empfindliche Blößen. Viele der neuen Ortsteile lagen außerhalb des Lawinenschattens der Bannwälder.

Wald ist der beste Schutz vor Lawinen. Die Stämme halten den Schnee wie eine Lawinenverbauung fest, so daß er nicht so leicht ins Rutschen kommt, und die Kronen lassen einen Teil der

Flocken erst gar nicht bis zum Boden gelangen. Zudem taut der Schnee im Frühjahr relativ schnell ab, weil abgefallene Nadeln und dunkle Rindenteile, die darauf liegen, viel Sonnenenergie aufnehmen können. Allerdings scheint der Wald seine Schutzfunktion mehr und mehr zu verlieren, denn viele Lawinen lösen sich inzwischen innerhalb der Forste. Das Bayerische Landesamt für Wasserwirtschaft macht vor allem Verbißschäden dafür verantwortlich, die seit Jahrzehnten eine Waldverjüngung verhindern. Das viele Wild, von den Jägern gepäppelt, beißt fast jedes junge Bäumchen kaputt. So öffnen sich kleine Lichtungen, auf denen langhalmiges Gras wächst, das im Winter wie eine Rutschbahn wirkt, weil der Schnee es glatt auf den Boden drückt. Die bayerische Behörde blickt «mit Sorge» in die Zukunft, zumal das grassierende Waldsterben möglicherweise weitere Lücken schlagen wird. «Mit Sicherheit», heißt es in einem Bericht, «wird sich der Ausfall jedes einzelnen Baumes auf die Dimension der abgehenden Lawinen auswirken». Das heißt im Klartext: mehr Schäden und höhere Kosten für Schutzbauten. Gemeinden, die neue Skipisten anlegen und dafür Wälder opfern, müssen das Geld, das ihnen der Tourismus bringt, möglicherweise später wieder für den Lawinenschutz ausgeben – und mehr.

Kapitel 9

Kostbares Wasser

Wenn der Regen ausbleibt

Schnell wie der Wind sollte das Flugzeug sein, das französische Ingenieure Mitte der dreißiger Jahre konstruiert und in kleiner Serie zusammengebaut haben. Sie gaben ihm den Namen «Simoun», nach einem heißen arabischen Wüstenwind. Mit einem Renaultmotor von 240 PS erreichte die Maschine eine Tourengeschwindigkeit von 250 bis 300 Stundenkilometern – und war damit ein gutes Stück schneller als die Konkurrenzmodelle jener Zeit.

Der Schriftsteller und Flieger Antoine de Saint-Exupéry kratzte im Sommer 1935 sein letztes Geld zusammen und kaufte sich einen dieser flotten Flieger. Er dachte dabei nicht nur an Vergnügen und Abenteuer, sondern auch an lukrative Rekordjagden. 150000 Franc – das waren damals rund 135000 Mark – sollte derjenige Pilot bekommen, der für die Strecke von Paris nach Saigon weniger als fünf Tage und vier Stunden brauchte. Saint-Exupéry konnte das Geld gut gebrauchen. Er war mit der Miete im Rückstand, und die Versorgungsbetriebe hatten ihm Gas und Strom abgedreht, weil er die letzten Rechnungen nicht bezahlt hatte.

Am frühen Morgen des 29. Dezember kletterte er zusammen mit seinem Mechaniker André Prévot ins Flugzeug, um den Rekord zu brechen. Bei Regen und Kälte ging es los. Bald hatten die beiden Männer den grauen Alltag und das garstige Winterwetter hinter sich gelassen und überflogen, nach Zwischenlandungen in Tunis und Bengasi, die Libysche Wüste. Es war schon wieder finstere Nacht, als sie über dieser menschenleeren Gegend Kairo ansteuerten. Den Nil erreichten sie jedoch nicht: Wegen tiefhängender Wolken drückte Saint-Exupéry die Maschine tief hinunter – zu tief. Die windschnittige Simoun krachte mit 270 Stundenkilometern auf den Sand. Saint-Exupéry und Prévot überlebten zwar die Bruchlandung ohne Blessuren, aber sie saßen mitten in der Wüste fest, mit einem halben Liter Kaffee, einem Viertelliter Weißwein und einer Orange – ohne Funkgerät oder einer anderen Möglichkeit, Rettung herbeizuholen.

Drei Tage irrten die Bruchpiloten durch die brütende Hitze, ohne eine Menschenseele zu finden. Der Durst wurde immer unerträglicher, Fata Morganas und Halluzinationen gaukelten ihnen Seen und Städte vor, trieben sie an den Rand des Wahnsinns. «Das Leben verdunstet hier wie Wasser», schrieb Saint-Exupéry später in seinem Roman «Wind, Sand und Sterne» über diese Qualen: «Der Durst leistet rasche Vernichtungsarbeit.» Am vierten Tag schleppten sie sich nur noch meterweise voran, bekamen aus ihren verklebten Mündern keinen Laut mehr heraus. Sie konnten nicht einmal mehr um Hilfe rufen, als sie endlich leibhaftige Menschen sahen. Nur einem glücklichen Zufall verdankten sie es, daß die Beduinen, die in hundert Meter Entfernung vorbeiritten, sie entdeckten und vor dem Verdursten retteten.

Ein halbes Jahrhundert später verschlägt es wieder einige Europäer in diese unwirtliche Gegend. Auch sie sind auf der Suche nach Wasser. Aber die Berliner Wissenschaftler fahren mit komfortablen Geländewagen durch die Hitze und haben kistenweise erfrischende Getränke im Gepäck. Nicht von Fata Morganas werden sie getrieben, sondern von Wissensdurst. In einem interdisziplinären Projekt untersuchen sie zusammen mit afrikanischen Kollegen die Ostsahara, eine besonders lebensfeindliche Gegend. Eines ihrer Ergebnisse läßt viele Politiker dieser Region aufhorchen: Unter dem staubtrockenen Wüstenboden finden sie riesige Wasservorräte. Sie schätzen das Volumen allein in der Ostsahara auf 150000 Kubikkilometer, in der gesamten Sahara sogar auf 400000 Kubikkilometer – ein Meer unter der Wüste. Die Menge würde ausreichen, um ganz Deutschland 1100 Meter tief unter Wasser zu setzen.

Das unterirdische Reservoir gehört zu den Hinterlassenschaften einer anderen, angenehmeren Zeit. Noch vor rund 9000 Jahren fiel in der Sahara genügend Regen, um den kargen Boden aufblühen zu lassen. Die Wüste zog sich auf einen schmalen Streifen im Norden zurück, das übrige Land war von Savanne bedeckt. In den Gebirgen, wo die Wolken besonders viel Niederschlag brachten, wuchsen sogar Wälder. An den Ufern zahlloser Flüsse, die das ganze Jahr über Wasser führten, wucherte üppiges Grün. Das Wasser strömte von Bergen und Hügeln herab, sammelte sich in weiten Ebenen und versickerte im Untergrund. Es konnte nirgendwo zum Meer abfließen, weil ihm Höhenzüge den Weg versperrten. Der Boden schluckte alles, saugte das Naß wie ein Schwamm auf. Poröser Verwitterungsschutt hatte sich hier kilometerhoch abgelagert, hatte riesige Becken aus kristallinem Grundgebirge gefüllt. Das Wasser sammelte sich darin wie in gewaltigen Suppenschüsseln. Es füllte die Poren der mächtigen Sedimentauflagen, ließ den Grundwasserspiegel höher und höher steigen – bis an die Oberfläche. Schließlich bildeten sich schier endlose Seen, die einen großen Teil der Sahara bedeckten.

Felszeichnungen, die mitten in der Wüste – vor allem auf dem Tassili-Plateau im Tschad – gefunden wurden, geben noch heute einen Eindruck von der einstigen Fülle. Die unbekannten Künstler, die hier vor Urzeiten lebten, ritzten Elefanten und Gazellen, Büffel und Giraffen in den Stein. Sie verewigten sogar Krokodile und Flußpferde – Tiere, die auf offenes Wasser angewiesen sind. Und doch war ihr Lebensraum karg gegenüber dem satten Grün prähistorischer Zeiten. Lange bevor die Menschen kamen, strotzte Nordafrika immer wieder vor Leben, vom Mittelmeer bis zum Äquator. Das stellte auch Saint-Exupéry verwundert fest. Auf seinem Durst-Marsch stolperte er über Relikte einer feuchten Epoche, die viele Millionen Jahre zurücklag. Er geriet in einen versteinerten Wald, eine Galerie schwarzer Skulpturen im weißen Sand. «Ich erkannte noch die Astknoten und konnte die Jahresringe zählen», schrieb er über die gespenstische Begegnung.

Von dem einstigen Segen ist nur der Tschadsee geblieben, geschrumpft auf einen Bruchteil seiner früheren Größe. Die Flüsse sind längst ausgetrocknet, ihre Täler unter Sand begraben und nur noch auf Radarbildern aus dem All zu erkennen. Das Wasser hat sich tief in den Untergrund zurückgezogen. Nur an wenigen Stellen, in einzelnen Senken, können es die Wüstenbewohner noch mit Schöpfbrunnen erreichen und damit einige Felder bewässern.

All die wundersamen Relikte – versteinerte Bäume, lebendige Felszeichnungen, verborgene Wasservorräte – zeigen, daß die Wüste pulsiert, daß sie immer wieder schrumpft und vorstößt, im Wechsel von Feucht- und Trockenphasen. Die Grenzen zwischen menschenfeindlicher Öde und nutzbarer Savanne sind längst nicht so statisch, wie es Landkarten weismachen. Wegen dieser Unstetigkeit bedeutet die Wüste eine latente Gefahr für die Menschen, die an ihrem Rand leben. Erst vor 20000 Jahren drang sie rund 500 Kilometer tiefer als heute in den Süden vor. Auch vorher hatte es immer wieder weite Vorstöße und rasche Rückzüge gegeben. Wissenschaftler können belegen, daß die Sahara manchmal innerhalb weniger Jahrhunderte um 1000 Kilometer zurückwich. Das Hin und Her folgte dem Rhythmus der Eiszeiten, wobei kalte Perioden stets Trockenheit brachten. Erst wenn im hohen Norden die kilometerhohen Gletscher abtauten, trieben wieder Regenwolken über Afrikas Trockengürtel. Diese langfristigen Zyklen werden von einer raschen, nervösen Dynamik überlagert. Der Wüstenrand schiebt sich im Rhythmus von Jahrtausenden, Jahrzehnten und Jahren vor und zurück. All diese Entwicklungen vorauszusagen oder auch nur zu erkennen, fällt den Wissenschaftlern schwer.

Mitte der dreißiger Jahre gab es den ersten Alarm, daß die Sahara – ebenso wie andere Wüsten – auf dem Vormarsch sei. Bald häuften sich die Schreckensmeldungen. Die Experten suchten die Schuld bei den Menschen in der Sahelzone, jenem rund 300 Kilometer breiten Streifen, der sich wie ein Küstensaum an die Sahara lehnt. Bauern und Nomaden, hieß es, hacken die letzten Bäume um, ihr Vieh frißt das letzte Grün, und Tiefbrunnen dörren den Boden bis unter die Wurzelballen aus. Hunger und Bevölkerungsdruck seien die Triebfedern der Misere. Das Schlagwort «Desertifikation», die Ausbreitung der Wüste durch menschliches Handeln, machte die Runde. Seit Ende der siebziger Jahre gaben die Vereinten Nationen rund sechs Milliarden Dollar aus, um die fatale Entwicklung zu stoppen. Doch inzwischen sind sich die Experten nicht mehr sicher, ob ihre Analysen stimmen.

Während die Warnungen vor der schleichenden Gefahr noch immer nicht verhallt sind, werden Zweifel immer lauter, ob sich die Wüsten überhaupt ausdehnen. Viele Wissenschaftler vermuten, daß die Schreckensmeldungen nur auf das Unverständnis mancher Kollegen für die Wüste und den Wüstenrand zurückgehen. Tat-

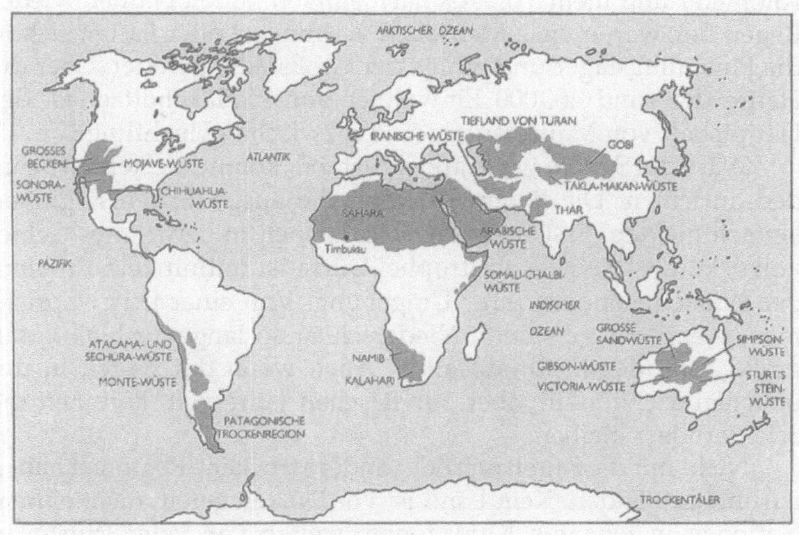

Abbildung 12
Wüsten oder wüstenähnliche Gebiete bedecken fast ein Drittel der festen Erdoberfläche.

sächlich fällt es Menschen aus dem feuchten Europa oder Nordamerika schwer, die Vorgänge in der trockenen Landschaft richtig einzuordnen, gelten hier doch ganz andere Regeln. Ein völlig ausgedörrter Boden, scheinbar für Jahre unfruchtbar, kann hier nach einem Regen binnen Stunden ergrünen. Die Niederschläge fallen so unberechenbar wie nirgendwo sonst. Selbst wenn sie mehrere Jahre ausbleiben, läßt das noch keine Rückschlüsse auf einen langfristigen Trend zu. Der durchschnittliche Jahresniederschlag ist in dieser Region lediglich eine akademische Größe, auf die sich kein Bauer verlassen sollte. Manchmal fällt an einem Tag der Regen von zwei Jahren, oder auf einem kleinen Gebiet geht ein Platzregen nieder, während die Umgebung jahrelang trocken bleibt.

Ob sich die Wüsten nun langfristig ausdehnen oder nicht – die Bewohner der Sahelzone müssen ständig mit der Angst vor der Dürre leben. In den vergangenen Jahrzehnten blieb der ersehnte Niederschlag immer wieder jahrelang aus. Die Felder verdorrten, das Vieh verdurstete und Hunderttausende Menschen starben. Der Sand rückte manchmal innerhalb eines Jahres um hundert

Kilometer und mehr vor. Als nach einigen Jahren endlich wieder Regen fiel, waren viele Menschen verhungert oder hatten sich in die Flüchtlingslager und Slums der Großstädte gerettet. Über die Hälfte der rund 400000 Einwohner von Nouakchott etwa, der Hauptstadt von Mauretanien, sind inzwischen Flüchtlinge.

Wäre die Sahara geographisch stabil, könnte sie keinen Schaden anrichten. Die Bauern würden die ausgedörrten Regionen einfach meiden. Erst wenn die Trockenheit in bewohntes Gebiet vorrückt, droht eine Katastrophe. Dürre ist mithin kein Problem der Wüsten, sondern ihrer Umgebung. Von einer Dürre spricht man, wenn der gewohnte Niederschlag so lange ausbleibt, daß große Teile der Ernte ausfallen. Auch wenn der Regen in der üblichen Menge fällt, aber zur falschen Jahreszeit, könnnen die Scheuern leer bleiben.

Nicht nur die Sahelzone oder andere trockene Regionen haben darunter zu leiden. Kein Land ist vor Dürren gefeit, nicht einmal Nationen in feuchten Klimazonen, weitab von jeder Wüste. In Deutschland etwa regnete es im Jahr 1303 so wenig, daß die Menschen durch Donau und Rhein waten konnten. Die Vereinigten Staaten erlebten in den dreißiger Jahren dieses Jahrhunderts ein Desaster, als in den südlichen Great Plains der Regen ausblieb. Die «Dust Bowl», die Staubschüssel, machte ihrem Namen alle Ehre: Stürme trugen den ausgetrockneten Boden tonnenweise davon und verwehten ihn über Tausende von Kilometern, bis nach Europa. Mehrere Ernten hintereinander fielen aus, das Vieh verendete zu Tausenden. Viele Bauern verloren ihre Existenz, verließen ihre Heimat und suchten sich in den Städten eine andere Arbeit.

Auch in jüngster Zeit kam es immer wieder zu folgenschweren Trockenheiten. Der trocken-heiße Sommer 1992 brachte den Bauern im Norden und Osten Deutschlands Ernteeinbußen von 3,5 bis 4 Milliarden Mark, und in den zundertrockenen Wäldern brachen zahlreiche Brände aus. Zwei Jahre später, im Jahrhundertsommer 1994, klagten Japan und China über die schlimmsten Dürren seit fünfzig Jahren. Im Norden und Westen Chinas litten mehr als 27 Millionen Einwohner unter Wassermangel. In Japan wurde das Trinkwasser für Millionen Menschen rationiert. Die findigen Asiaten setzten Tanker ein, um Wasser aus Alaska herbeizuschaffen. Die Türken gingen weniger profan gegen die Dürre in ihrem Land vor: Der fundamentalistische Bürgermeister von

Istanbul, Tayyip Erdogan, legte die Verantwortung für die Wasserversorgung kurzerhand in Allahs Hand und ließ im Frühjahr 1994 Regengebete sprechen, anstatt, wie früher, die Wolken mit Silberjodid zu impfen und so zum Abregnen zu zwingen.

Auch die Spanier litten 1994 unter der Trockenheit. Auf den Ferieninseln Mallorca und den Kanaren brachte der Touristenboom die Wasserversorgungsbetriebe in große Schwierigkeiten, und auf dem Festland, in den Provinzen Valencia, Alicante und Murcia, drohten riesige Zitrus- und Obstplantagen zu vertrocknen. Die Regierung will den Engpass, der längst chronisch geworden ist, nun mit einem Kraftakt beseitigen. Bis zum Jahr 2010 sollen landesweit für umgerechnet rund 81 Milliarden Mark zahlreiche Stauseen, Aquädukte, Brunnen, Meerwasserentsalzungsanlagen und Leitungen entstehen.

Wenn das Wasser knapp wird – das gilt nicht nur für Spanien – sind zuerst die Ingenieure gefordert. Ägypten hat sich mit dem Bau des Assuan-Staudamms aus der Klammer der Mißernten befreit – vorerst zumindest. Wüstennationen wie Bahrain, Saudi Arabien oder Kuwait könnten ohne Tiefbrunnen, Pipelines und Entsalzungsanlagen gar nicht existieren. Aber nicht nur die Technik nimmt der Plage den Schrecken, sondern auch die zunehmende internationale Verflechtung. Wenn in Norddeutschland wegen anhaltender Trockenheit eine Ernte ausfällt, springen Bauern aus Süddeutschland oder den EG-Staaten in die Bresche. Brach früher in einzelnen Regionen eine Hungersnot aus, so steigen inzwischen meist nur noch Lebensmittelpreise und Börsenkurse.

Obwohl noch längst nicht alle Bauern auf der Welt die Möglichkeiten moderner Anbaumethoden ausschöpfen, liefern Felder und Ställe mehr als genug Lebensmittel, um die Weltbevölkerung satt zu bekommen – zumindest theoretisch. Wenn Notlagen entstehen, dann lediglich aus der ungleichen Verteilung der Ernten. Noch fällt es der internationalen Gemeinschaft leicht, hungernden Regionen unter die Arme zu greifen. Bei der großen Dürre im Sahel zwischen 1968 und 1972 wurden in einer der größten internationalen Hilfsaktionen sogar rund sieben Millionen Menschen versorgt.

Allerdings könnte der Überfluß rasch ein Ende haben. Schon heute wird Wasser in vielen Ländern knapp. Denn nicht nur die Landwirtschaft verbraucht Wasser, sondern auch die Industrie und die Bevölkerung. Jeder Deutsche läßt täglich im Schnitt 145 Liter Wasser aus dem Hahn laufen, jeder Schweizer sogar 270 Liter. Durch die Fabrikhallen fließen noch viel breitere Ströme: Allein die Herstellung von einem Kilogramm Papier verschlingt rund 100 Liter. Vor allem in Europa hat die Industrie einen großen Durst, verbraucht rund die Hälfte des gesamten aufbereiteten Wassers. In Afrika und weiten Teilen Asiens beträgt der industrielle Anteil am Gesamtverbrauch nicht einmal 5 Prozent. Aber die Entwicklungsländer werden den Rückstand voraussichtlich rasch aufholen. Die Folge: Immer mehr Regionen werden mit ihren Wasserreserven den Bedarf nicht mehr decken können. Nach einer Berechnung des «Worldwatch Institute» (WWI) von 1993 leiden schon jetzt 26 Länder unter akutem Wassermangel, weil dort jährlich weniger als 1000 Kubikmeter Wasser pro Einwohner zur Verfügung stehen. Vor allem in Afrika und im Nahen Osten wird Wasser mehr und mehr zum Engpaß.

Die globale Erwärmung wird das Problem weiter verschärfen, denn Klimaschwankungen haben stets erhebliche Auswirkungen auf die Niederschläge. Schon kleine klimatische Veränderungen können ganze Regionen austrocknen lassen und anderen Gegenden heftige Unwetter bringen. Das Hin und Her der Sahara ist dafür ebenso ein Beispiel wie «El Niño», dieses seltsame Phänomen an der südamerikanischen Pazifikküste (siehe Kapitel Atmosphärische Störungen). El Niño sorgt bisweilen für «schier unglaubliche Änderungen der Niederschlagstätigkeit», wie der Frankfurter Klimatologe Prof. Christian-Dietrich Schönwiese schreibt. In El-Niño-Jahren, wenn ein sonst verläßlicher Seewind abflaut, erblüht die trockenste Region der Welt, die Atacama-Wüste, und gehen im australischen Kontinent und in der Sahelzone die Niederschläge zurück.

Wenn schon El Niño solche gravierenden weltweiten Auswirkungen hat, wie werden sich dann erst die steigenden Temperaturen bemerkbar machen? Viele Forscher befürchten, daß sich die Klimazonen verschieben werden. Das Bundesumweltministerium bangt vor allem um die Zukunft der semiariden, der halbtrockenen Gebiete. Im Klimaschutzbericht von 1993 ist von Austrocknung der Böden, Erosion und Versalzung die Rede – lauter heimtückischen Entwicklungen. Die semiariden Klimazonen – riesige Regionen, in denen mehrere 100 Millionen Menschen leben – könnten zur Wüste werden. Nicht nur der Sahelzone droht diese schleichende Katastrophe, auch weite Teile der Vereinigten Staaten und Rußlands sind in Gefahr. Sogar in Spanien und Portugal könnten schwere Zeiten anbrechen.

Dann werden die Trinkwasserpreise drastisch steigen, und ein großer Teil der landwirtschaftlichen Produktion wird ausfallen. Das Bundesumweltministerium rechnet mit «drastischen Auswirkungen auf die weltweite Ernährungssituation», die um so gravierender sein werden, je rasanter die Weltbevölkerung wächst. Selbst technische Großprojekte – wie Staudämme, Bewässerungsanlagen oder die Umleitung ganzer Flüsse – können das Problem nicht dauerhaft lösen, sondern bestenfalls verlagern. Denn Wasser, das hier abgezapft wird, fehlt an anderer Stelle.

Ein trauriges Beispiel liefert der Aralsee. Der viertgrößte Süßwassersee der Welt ist zur brackigen Wüstenei verkommen, nachdem Ingenieure seinen Zuflüssen fast das ganze Wasser abgegraben haben, um Baumwolle, Reis und Gemüse anzubauen. Der See hat zwei Drittel seines Wassers verloren, der Salzgehalt hat sich verdreifacht. Fischerboote liegen auf dem Trockenen, manche vierzig Kilometer vom Ufer entfernt. Statt einer weiten Wasserfläche dehnt sich hinter den Kais trockene Wüste, von der ungesunder Salzstaub heranweht.

Trotz gravierender ökologischer Schäden, die bei keinem Mammut-Projekt ausbleiben, liegen noch immer ehrgeizige Pläne in den Schubladen der Behörden. Rußland, China und Australien wollen Wasserströme im großen Stil umleiten. US-amerikanische Politiker planen sogar allen Ernstes, Wasser aus Kanada und Alaska bis nach Kalifornien und Mexiko zu schaffen. Das umstrittene Vorhaben wurde schon 1964 unter dem Namen NAWAPA (North American Water and Power Alliance) initiiert. Es sieht vor, zehn große Flüsse zur Ader zu lassen, 240 Seen aufzustauen, 17 schiffbare Kanäle zu bauen und jährlich bis zu 300 Kubikkilometer Wasser umzuleiten. Die Auswirkungen auf die Natur wären gewaltig, Nordamerika bekäme ein neues Gesicht.

Ingenieure entwickeln eine ungeheure Kreativität, wenn es darum geht, Regionen gegen zunehmende Trockenheit zu wappnen und steigenden Wasserbedarf zu decken. Saudi-Arabien, das Wüstenkönigreich ohne Flüsse, bezieht einen erheblichen Teil seines Trinkwassers aus dem Meer. Die Entsalzung von Meerwasser ist allerdings so teuer, daß sich nur reiche Nationen diesen Luxus leisten können. Andere Länder, wie die Türkei oder Kalifornien, setzen Regen-Flugzeuge ein, um Wolken zum Abregnen zu zwingen. Mit Chemikalien wie Silberjodid fördern sie das Kondensieren von Wasserdampf – wenn auch nur mit mäßigem Erfolg. Eine andere, abenteuerliche Idee ist über das Reißbrett-Stadium noch nicht hinaus: Kräftige Hochseeschlepper sollen Eisberge aus den Polargebieten bis in die Trockenzonen ziehen.

Der größte Teil des Trinkwassers wird freilich nach wie vor aus dem Untergrund heraufgepumpt. Brunnen fördern inzwischen in vielen Teilen der Welt mehr Wasser als durch natürliche Zuflüsse nachströmt – die Grundwasservorräte werden rigoros geplündert. Manche Forscher vermuten sogar, ein Teil des Meeresspiegelanstiegs sei darauf zurückzuführen. Das dicke Ende ist absehbar: Saudi-Arabien wird seine Reservoirs – nach einer Bilanz von 1985 – voraussichtlich im Jahr 2018 restlos geleert haben. Auch in der amerikanischen Dust-Bowl läßt der Raubbau die Vorräte dramatisch schrumpfen. Die Wasserwerke entnehmen dem sogenannten Ogallala-Aquifer – einem riesigen Grundwasserspeicher unter den Staaten Nebraska, Kansas, Colorado, Oklahoma, Texas und New Mexiko – innerhalb von ein oder zwei Generationen so viel Wasser, wie in einer halben Million Jahren nachfließt. Der Grundwasserspiegel ist stellenweise bereits um 30 bis 50 Meter gefallen, und in Teilen der Wüstenstadt Las Vegas hat sich der Boden um zwei Meter gesenkt. Sogar im regenreichen Deutschland kommt bisweilen der Grundwasserstrom nicht nach. Anfang der neunziger Jahre ging in Süd-Hessen ein großes Wasserwerk in Betrieb, das mit erheblichem Aufwand Flußwasser reinigt, nur um es im Untergrund versickern zu lassen – und so das Defizit auszugleichen.

Obwohl die Nachteile einer rücksichtslosen Wasserwirtschaft bekannt sind, schlagen auch die Staaten der Ost-Sahara diesen Weg ein. Die riesigen Wasservorkommen, die das Berliner Experten-Team in der Wüste aufgespürt hat, wecken Begehrlichkeiten. Obwohl die Wissenschaftler davor warnen, die fossilen Vorräte zu plündern, sind die Claims längst abgesteckt. Schon heute brummen zahlreiche Tiefbrunnen, sprudelt das Naß an vielen Stellen herauf. Libyen hat sogar eine 1000 Kilometer lange Pipeline gebaut, groß wie ein Fluß, um das Wüsten-Wasser zur Küste zu bringen. «Man-Made-River» heißt die 4,50-Meter-Röhre, durch die ein Lastwagen fahren könnte. Ägypten gibt sich zwar zurückhaltender, würde aber nur zu gern die Wüste besiedeln, um seinen chronischen Bevölkerungsdruck im engen Niltal zu lindern.

Doch der Traum von der blühenden Wüste, der Kornkammer im Sand, könnte rasch zerplatzen. Die Tiefbrunnen, die den Grundwasserspiegel um viele Meter absenken, graben nicht nur den primitiven Schöpfbrunnen der alteingesessenen Bauern das Wasser ab. Ihr Segen ist auch nur von kurzer Dauer. Da kein Grundwasser in die Reservoirs nachströmt, fallen sie bald trocken. Selbst die riesigen Reserven unter der Sahara könnten innerhalb weniger Jahrzehnte am Ende sein – zumal ein Großteil des Wassers viel zu tief liegt, um es mit vertretbarem Aufwand heben zu können.

Vor allem aber wird bald eine tödliche Salzkruste die bewässerten Felder überziehen. Die Versalzung ist das größte Problem für Bauern in trockenen Landstrichen. Salze, die im Grundwasser – aber auch im Flußwasser – enthalten sind, bleiben beim Verdunsten im Boden zurück. Wenn nicht genug Regen fällt, um sie auszuwaschen, reichern sie sich an. Schon nach wenigen Jahren wächst auf den Äckern kein grüner Halm mehr. Die Versalzung macht jedes Jahr weltweit mehr als 200000 Hektar Land für den Anbau von Kulturpflanzen unbrauchbar. Moderne Technik kann zwar die schleichende Vergiftung bremsen – aber keine Wunder vollbringen. Unterirdisch verlegte Leitungen, die das Wasser tröpfchenweise direkt zur Wurzel bringen, schieben den Exitus der Äcker nur auf. Über kurz oder lang wird sich auf allen künstlich bewässerten Ländereien eine lebensfeindliche Wüste breitmachen. Im Irak, wo die Sumerer schon vor mehr als fünf Jahrtausenden Wasser aus Euphrat und Tigris auf die Felder leiteten, sind 20 bis 30 Prozent des nutzbaren Bodens für immer verdorben. Die Natur, so scheint es, läßt sich nicht ins Handwerk pfuschen, sträubt sich gegen den Eingriff in ihre Klimazonen.

Und wenn nicht die Natur dem Menschen einen Strich durch die Rechnung macht, dann der Mensch selbst. Schon heute streiten viele Nationen um Nutzungsrechte an der knappen Ressource Wasser. Internationale Konflikte bahnen sich an, die nach Ansicht von Experten zu Kriegen eskalieren können. Kein Staat läßt sich gerne das Wasser abgraben.

Kapitel 10
Feuer-Land

Wo Flächenbrände zum Alltag gehören

Wenn in Deutschland die ersten Schneeflocken fallen und ein garstiger Wind in die Kleidung fährt, wird es auf der anderen Seite der Erde heiß, teuflisch heiß. Zum Jahresende beginnt im australischen Busch die Feuer-Saison. Dann züngeln Flammen aus der trockenen Vegetation und ziehen dicke Rauchschwaden über den Horizont. Jede glimmende Zigarettenkippe, die aus einem Autofenster fliegt, legt eine Lunte. Die Feuerwehr zählt Jahr für Jahr rund 15000 Brände, meist harmlose Feuerchen, die sie rasch unter Kontrolle bringt. Kein Grund zur Panik.

Doch um die Weihnachtszeit des Jahres 1993 kam es anders. Im vorausgegangenen Winter hatte es nur wenig geregnet, und jetzt, im australischen Hochsommer, kletterte das Thermometer auf über 40 Grad Celsius. In der trockenen Hitze brannten Büsche und Bäume wie Zunder. Vor allem die unzähligen Eukalyptusbäume mit ihren ätherischen Ölen und herabhängenden Rindenstreifen lieferten den Flammen üppige Nahrung. Starker Wind fachte das Feuer an – ideale Bedingungen für eine Katastrophe. Die zahllosen Brandherde weiteten sich im Nu aus und vereinten sich zu mächtigen Großfeuern.

Anfang Januar kämpften bereits 3000 Feuerwehrleute an mehreren Fronten gegen das Inferno. Aber angesichts der gewaltigen Feuerwände standen sie auf verlorenem Posten. Die zwanzig, dreißig Meter hohen Flammen entwickelten eine solche Hitze, daß mit Wasser und Brandschneisen nichts auszurichten war. Noch bevor die prasselnde Glut heranfegte, waren Bäume und Häuser derart ausgedörrt, daß sie nicht mehr zu retten waren. Ein Funke genügte, und die Hölle brach explosionsartig los. Die Helfer konnten nur noch in Deckung gehen. Sie hielten sich an die Weisung, die ihnen die Vorgesetzten für den gefährlichen Einsatz mitgegeben hatten: zuerst sich selbst schützen, dann die Anwohner und dann deren Häuser. Dem Wald konnte niemand mehr helfen – der brannte unkontrolliert weiter.

Trotz des Desasters hätte die internationale Presse von den Bränden wohl nur flüchtig Notiz genommen, wenn nicht die Dreieinhalb-Millionen-Metropole Sydney bedroht gewesen wäre. Die Flammen fraßen sich von Süden, Westen und Norden heran, nahmen die Hafenstadt regelrecht in die Zange. Am «Schwarzen Freitag», wie eine örtliche Zeitung den 7. Januar 1994 bezeichnete, hing der penetrante Geruch der brennenden Eukalyptusbäume bereits zwischen den Wolkenkratzern. Qualm und Ruß legten sich als dicke Smogschicht auf die Olympiastadt 2000 und machten das Atmen schwer. In den Randbezirken mußten Tausende Menschen ihre Häuser verlassen, allein in den nördlichen Stadtteilen wurden 20000 Einwohner evakuiert. Und die Flammen rückten immer näher, erreichten schon die ersten Wohnviertel, wo sie fast 200 Häuser niederbrannten. Eine Frau starb, als sie mit ihren beiden Töchtern in einem Swimming-Pool Schutz suchte.

Dann änderte sich das Wetter: Der Wind flaute ab, die Temperaturen sanken. Die Feuerwalzen verloren an Kraft und konnten unter Kontrolle gebracht werden. Gerade rechtzeitig – denn an vielen Stellen fehlten nur wenige Meter, und ganze Siedlungen wären nicht mehr zu retten gewesen. Ohne die Hilfe des Wetters wären Tausende Häuser niedergebrannt. Aber auch so war die Bilanz erschreckend genug: Gebäudeschäden von über 200 Millionen Mark, 600000 Hektar verbranntes Land und vier Tote.

Wie konnte es dazu kommen? Die Polizei sprach von Brandstiftung und setzte eine Belohnung von 100000 Australischen Dollar (rund 120000 Mark) aus, um die Täter zu finden. Mit Erfolg: In den nächsten Tagen nahm sie mehrere Personen fest, darunter einen dreizehnjährigen Jungen. Allerdings hätte der Busch auch ohne die Übeltäter gebrannt – wenn nicht in diesem Jahr, dann im nächsten. Bei entsprechenden Bedingungen genügt eine Kleinigkeit, ein Blitz oder eine fortgeworfene Zigarettenkippe, um die trockene Vegetation in Flammen aufgehen zu lassen.

Als 1983 bei einer ähnlich verheerenden Brandserie zwischen Adelaide und Melbourne fast 400000 Hektar Wald und Busch niederbrannten, waren Starkstromleitungen die Ursache. Bei heftigem Wind waren die Drähte ins Schwingen geraten, hatten sich berührt und Funken geschlagen. Die Elektrizitätsgesellschaft von Südaustralien ließ in den folgenden Jahren 176000 Abstandhalter einbauen – dennoch wird es auch dort wieder brennen. Denn Feuer ist im trockenen australischen Busch ein Teil der Natur. Es gehört zum Zyklus des Lebens wie in Deutschland Schnee und Frost. Untersuchungen der Bodenschichten haben gezeigt, daß seit Urzeiten alle 200 bis 300 Jahre ein gewaltiges Großfeuer gewütet hat, meist von Blitzschlägen entfacht. Kleinere Brände waren noch viel häufiger. Im Norden des Kontinents hat der Busch sogar jedes Jahr gebrannt, seit mindestens 30000 Jahren. Hier halfen die Ureinwohner, die Aborigines, der Natur nach, zündelten, um lästiges Gestrüpp zu beseitigen.

Auch in anderen Teilen der Welt müssen Menschen mit dem Feuer leben. In der afrikanischen Savanne flammen in der Trokkenzeit regelmäßig riesige Flächenbrände auf. An der französischen Mittelmeerküste trüben immer wieder dunkle Qualmwolken den Himmel – und treiben Villenbesitzern den Angstschweiß auf die Stirn. Auch in Kalifornien, dem sonnigen Ferienparadies der Vereinigten Staaten, schrillen Jahr für Jahr die Alarmglocken.

Die Flammen fressen sich tief ins Holz der Bäume und hinterlassen auffällige Narben, die von Wissenschaftlern als verläßliche Zeitzeugen genutzt werden. Jahresringe eichen die Wunden und geben ihnen den Charakter eines Tagebuchs: Alte Stämme liefern eine lückenlose Chronologie aller Feuer. Sie zeigen, daß manche kalifornischen Waldstücke alle acht Jahre in Flammen aufgingen, bis in die jüngste Vergangenheit. Auch die Wälder im hohen Norden, in Sibirien und Kanada, brennen hin und wieder ab – allerdings mit Pausen von hunderten, manchmal tausend Jahren. Fossile Holzkohle, wie sie etwa bei Pittsburg im amerikanischen Bundesstaat Kansas gefunden wurde, belegt sogar, daß schon vor mehr als 300 Millionen Jahren Waldbrände wüteten.

Bevor der Mensch kam, waren es fast immer Blitze, die das Feuer entfachten. Tag für Tag zucken auf der Welt rund 25 Millio-

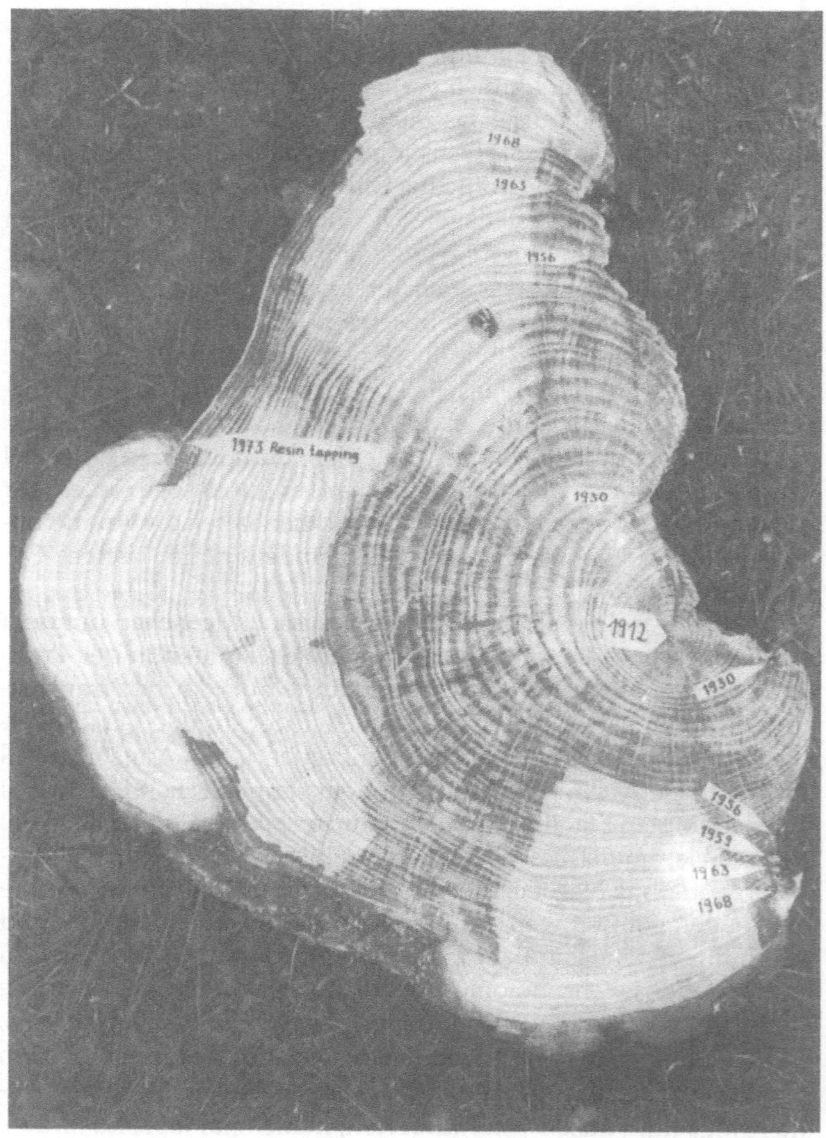

Abbildung 13
Narben im Holz – hier in einer philippinischen Kiefer – liefern eine Chronologie der Waldbrände.

nen elektrische Entladungen über den Himmel, mehr als eine Million pro Stunde. Sie erhitzen die Luft für Bruchteile von Sekunden bis auf 30000 Grad Celsius – weit über die Entflammtemperatur von Holz, die bei rund 400 Grad liegt. Zwar erreichen nur rund 30 Prozent der Blitze den Boden, wovon die meisten überdies zu schwach sind, um Unheil anzurichten. Dennoch entfachen sie allein in den Vereinigten Staaten auch heute noch jedes Jahr rund 10000 Waldbrände.

Aber die Natur zündelt gelegentlich auch mit anderen Mitteln: In geologisch aktiven Regionen legen Vulkane mit ihren glutflüssigen Lavaströmen und heißem Aschenregen die Lunte. Auf der indonesischen Insel Sulawesi brannte 1991 die Hälfte eines 8000 Hektar großen Nationalparks ab, nachdem ein Vulkan ausgebrochen war. Manchmal genügt sogar der Funke von gegeneinanderschlagenden Steinen, um Flammen auflodern zu lassen. In der Cedarberg-Region in Südafrika soll jeder vierte Brand zwischen 1958 und 1974 durch Steinschlag verursacht worden sein. Schwache Erdbeben oder umherturnende Affen hatten die Feuersteine losgetreten. Sogar komprimierte Pflanzenreste und Braunkohlelagerstätten können sich beim Verrotten so stark aufheizen, daß sie in Brand geraten.

Daß Brände zur Natur gehören, läßt sich vor allem aus dem Verhalten der Pflanzen ablesen. In den Feuerregionen der Erde hat die Vegetation längst gelernt, mit der wiederkehrenden Hitze zu leben. Im Laufe der Jahrtausende entwickelte sie trickreiche Überlebensstrategien. Die Anpassung funktioniert mitunter so perfekt, daß Feuer lebenswichtig geworden ist. Einige Kiefern- und Fichtenarten pflanzen sich erst fort, wenn die Temperaturen auf Kochplattenwerte gestiegen sind. Erst dann schmilzt das Harz, das die Samen wie eine Zwangsjacke umschließt. Die Zapfen von Drehkiefern warten mitunter jahrzehntelang auf das befreiende Feuer. Andere Pflanzen, wie die australische Akazie, keimen erst, wenn die Streu auf dem Waldboden verbrannt ist. Das bietet doppelten Vorteil: Viele umstehenden Bäume, Konkurrenten ums Licht, sind ein Raub der Flammen geworden; und die mineralreiche Asche auf dem Boden liefert als hochwertiger Dünger hervorragende Startbedingungen für das keimende Leben. Sobald der erste Regen fällt, bricht das frische Grün hervor.

Zur Standardverteidigung der Bäume gegen die Glut gehört eine dicke Borke. Das Inferno wütet nur selten lange genug, um den Panzer zu knacken. Vor allem Kiefern und Eichen schützen sich auf diese Art. Selbst eine Temperatur von 700 Grad Celsius über einen Zeitraum von zehn Minuten, das haben Versuche ergeben, kann ihnen nichts anhaben. Auch Mammutbäume, die in Kalifornien zu 100 Meter hohen und zehn Meter dicken Giganten heranwachsen, verschanzen ihr Kambium – die empfindliche Wachstumsschicht im Stamm – unter einer dezimeterdicken Rinde. Eukalyptus-Bäume überleben noch trickreicher: Unter ihrer schützenden Borke sitzen «schlafende» Augen, aus denen nach jedem Feuer rasch neue Zweige herauswachsen. Die stille Reserve verschafft den Bäumen einen erheblichen Vorsprung im Wettstreit um das Sonnenlicht, denn das frische Grün kann sich auf seinem sonnigen Hochsitz ungehindert entwickeln. Der Trick funktioniert so gut, daß an Australiens Küsten der Eukalyptus zum vorherrschenden Baum geworden ist. Weniger effektiv gehen manche Hickory-Arten zu Werke. Sie vertrauen auf ein tiefes und robustes Wurzelsystem, das jeden Hitzesturm übersteht und rasch wieder austreibt, wenn Äste und Stamm verkohlt sind. Allerdings brauchen sie Jahre, um wieder zum stämmigen Baum heranzuwachsen.

Die geniale Anpassung der Vegetation an das Feuer überrascht sogar Fachleute. Nachdem Anfang 1994 beim Feuersturm von Sydney im australischen «Royal National Park» fast alle Bäume und Büsche niedergebrannt waren, klagten Förster, es werde mehr als 200 Jahre dauern, bis sich die Natur vollends erholt habe. Kein halbes Jahr später strotzte das Naturschutzgebiet schon wieder vor sattem Grün; sogar Koalabären waren wieder zurückgekehrt. Die Besucher der Olympischen Spiele werden wahrscheinlich kaum noch Spuren der Katastrophe finden. Das Feuer hat die Wälder sogar verjüngt, hat Platz geschafft für neue Triebe. Auch hat es schädliche Insekten, Parasiten und Pilze vernichtet und eine langsame Verarmung an Arten verhindert – und damit eine wichtige ökologische Funktion erfüllt.

Die Ureinwohner vieler Ländern, die eng mit der Natur lebten, kannten noch den Nutzen der Brände. Die australischen Aborigines ließen die Flammen ebenso gewähren wie die amerikanischen Prärie-Indianer – nicht aber die weißen Förster, die im sechzehnten und siebzehnten Jahrhundert überall auf der Welt das Regiment über Wälder und Buschland übernahmen. Die Eroberer und Kolonisatoren brachten aus dem kühlen, regennassen Europa, wo jeder Brand ein Unglück war, neben der Arroganz auch die Angst mit. Bis in die Mitte dieses Jahrhunderts kannten sie nur ein Mittel gegen das Feuer: Löschen, was die Schläuche hergaben. Vor allem die US-Amerikaner legten sich mächtig ins Zeug, rüsteten nach dem Zweiten Weltkrieg sogar noch einmal tüchtig auf.

Sie machten aus der altväterlichen Wasserschlacht einen aufwendigen Hightech-Krieg: Sie ließen Flugzeuge kreisen, die mit Infrarot-Scannern jeden Brandherd – bis hin zum harmlosen Lagerfeuer – an der Wärmestrahlung erkannten. Hochmoderne Funkausrüstungen und schwere Bulldozer standen bereit. In den Zentralen warteten ehemalige Kriegspiloten nur darauf, mit ihren umgebauten Bombern Löschchemikalien abzuwerfen. Auch Tausende von «Smoke-Jumpern», speziell ausgebildeten Feuerwehrmännern, konnten jederzeit in den Hubschrauber steigen, um mit dem Fallschirm über einem Brandherd abzuspringen.

Der gewaltige Aufwand, der sogar in Naturparks wie dem Yellowstone-Nationalpark getrieben wurde, blieb nicht ohne Folgen. Seit Anfang des Jahrhunderts hat die Feuerwehr viele Brände im Keim erstickt – die Zahl der Waldbrände und Buschfeuer ging erheblich zurück. Der Erfolg entpuppte sich aber im Laufe der Jahre als Pyrrhussieg. Statt die Naturgewalt zu bändigen, erhöhten die Anstrengungen die Gefahr noch. Es war wie ein Fluch: Je mehr Gelder in die Brandbekämpfung flossen, desto brisanter wurde die Situation. Weil es seltener brannte, sammelte sich immer mehr trockenes Holz und Laub in den Wäldern an, so daß es nur eine Frage der Zeit war, wann ein verheerendes Feuer ausbrach, das niemand mehr unter Kontrolle bringen konnte. Was früher bei vielen kleinen Bränden nach und nach abbrannte, das drohte nun bei einem einzigen Großfeuer in Flammen aufzugehen.

Die Feuerwehr hatte den falschen Weg eingeschlagen und änderte in den sechziger und siebziger Jahren ihre Strategie: Bedachtes «Feuer-Management» löste den bedingungslosen Kampf ab. Die Förster akzeptierten nun das Feuer als Teil der Natur und versuchten lediglich, Katastrophen zu verhindern. Noch bevor sich übermäßig viel Brennmaterial angesammelt hatte, setzten sie gezielt einzelne Waldstücke in Brand, mal hier eine Parzelle, mal dort eine. Da die Flammen nur wenig Nahrung fanden, griffen sie nicht auf die Kronen über, sondern vertilgten lediglich die Bodenstreu. Wo keine Menschen wohnten, ließen die Förster den Elementen sogar freien Lauf. Im Yellowstone-Park bleiben Brände, die durch Blitzschlag entstehen, seit 1972 sich selbst überlassen. Diese Regelung, die zunächst nur in entlegenen Gebieten galt, wurde 1976 auf den gesamten Park ausgedehnt. Mit Erfolg, wie es schien: Obwohl die Parkwächter tatenlos zuschauten, vernichtete das größte der 235 Feuer, die zwischen 1976 und 1987 von Blitzen entfacht wurden, nur eine Fläche von 3000 Hektar. Meist verlöschten die Flammen schon nach kurzer Zeit, nachdem sie nicht einmal 40 Hektar Wald zerstört hatten. Menschen oder Gebäude waren niemals in Gefahr.

Aber dann kam das Jahr 1988 und stellte die Laissezfaire-Naturschützer vor eine harte Bewährungsprobe. Schon der Winter war sehr trocken gewesen, und im Sommer fiel so wenig Regen, wie seit den Dürren in den dreißiger Jahren nicht mehr. Dennoch hielt die Parkverwaltung an ihren Richtlinien fest: Die Feuer durften ungehindert wüten. In den ausgetrockneten Wäldern fanden sie reichlich Nahrung und breiteten sich rasch aus. Bis zum 21. Juli hatten sie bereits 70 Quadratkilometer Wald eingeäschert. Da erst zogen die Verantwortlichen die Notbremse, ließen Richtlinien Richtlinien sein und mobilisierten die geballte Macht ihrer Feuerwehren. Bis zu 9000 Mann stellten sich den Feuerfronten entgegen. Aber es war zu spät. Heftige Winde, die wochenlang anhielten, trieben die Glut immer weiter. Da auch der erwartete Regen ausblieb, gerieten die Brände vollends außer Kontrolle, und der ganze Park wurde zum Inferno. Im Sog der heißen Luft, die der Feuersturm in die Höhe wirbelte, flogen brennende Zweige kilometerweit und setzten immer neue Waldstücke in Brand. Sieben gewaltige Brände fraßen sich täglich 15 bis 20 Kilometer in die paradiesische Landschaft hinein. Mitte September, als der Spuk endlich aufhörte, waren 2900 Quadratkilometer verkohlt, ein Drittel der Parkfläche. Außerhalb des Parks waren noch einmal 1100 Quadratkilometer Wald verbrannt.

Angesichts dieser Zerstörung hagelte es heftige Kritik am Verhalten der Parkleitung. Die Verantwortlichen hätten viel früher eingreifen müssen, schimpften Besserwisser. Wissenschaftler winkten jedoch ab und verteidigten den eingeschlagenen Weg. William H. Romme und Don G. Despain, zwei Botaniker, die sich jahrelang mit dem Yellowstone-Park beschäftigt hatten, bezeichneten das gewaltige Feuer als ein «mehr oder weniger natürliches

Ereignis». Nach ihren Untersuchungen entwickelt sich der Yellowstone-Wald in Zyklen, die jeweils 200 bis 300 Jahre dauern. Am Ende stehe jeweils – wie in Australien – ein verheerender Flächenbrand, dem extreme Witterung den Weg bereitet.

Die Natur läßt sich ihr Großfeuer, das die Vegetation zur Regeneration braucht, offenbar nicht nehmen – das hat sich in der Vergangenheit immer wieder gezeigt. Wenn trockene Hitze und heftiger Wind auf eine ausgedörrte Pflanzendecke treffen, lodern die Flammen unlöschbar auf. Die Feuerwehr kann dann allenfalls Menschen evakuieren und das eine und andere Gebäude retten. Erst im Juli 1994 wüteten an der spanischen Mittelmeerküste verheerende Waldbrände, die ihre Rauchwolken bis ins 70 Kilometer entfernte Valencia schickten. Die Insassen zweier Löschflugzeuge starben, als sie der Hitze zu nahe gekommen waren. Im amerikanischen Bundesstaat Colorado verbrannten zur selben Zeit 13 Feuerwehrleute im Flammenkessel, nachdem eine ungewöhnliche Hitzewelle das Land vollkommen ausgedörrt hatte.

Zur Katastrophe werden die Feuerwalzen freilich erst, wenn sie Siedlungen oder Industrieanlagen überrollen. Die meisten Brände wären halb so schlimm, wenn die Menschen nicht immer ungenierter ins Feuer-Land eindringen würden. Vor allem wohlhabende Leute gönnen sich den Luxus eines Wohnsitzes in ungezähmter Natur. Sie bauen Villen in den Busch und kleben Traumschlösser an steile Hänge, um einen freien Blick auf das Meer genießen zu können – und pfeifen auf Gefahren und Vorsorge. Als Naturliebhaber hegen sie meist eine Vorliebe für brennbare Materialien, verschönern ihr Heim mit hölzernem Fachwerk, legen Holzschindeln auf das Dach und pflanzen ölhaltige Eukalyptusbäume in den Garten. Das ist in Kalifornien nicht anders als im australischen Süden oder an der französischen Mittelmeerküste, den feuergefährlichsten Gebieten auf der Welt. Mit ihrer Unbekümmertheit gefährden sie nicht nur sich selbst, sondern machen auch der Feuerwehr die Arbeit schwer. Denn in der Nähe einer solchen lockeren und feueranfälligen Bebauung ist an eine gezielte Brandvorsorge nicht zu denken. Die Feuerwehr kann das trockene Unterholz nicht kontrolliert abbrennen, weil dabei auch die teueren Villen in Brand geraten könnten. So hat das Feuer leichtes Spiel.

Vor allem das reiche Kalifornien bekommt den Leichtsinn zu spüren. In dem Sonnenparadies gehen jedes Jahr Millionenwerte in Flammen auf. Manchmal erreichen die Schäden sogar die Milliarden-Dollar-Schwelle, etwa als im November 1991 die Nobelviertel von Berkeley und Oakland mit ihren Prachtvillen niederbrannten. Zwei Jahre später, im Oktober 1993, erwischte es den exklusiven Los-Angeles-Vorort Laguna Beach. Insgesamt 1200 Gebäude und 800 Quadratkilometer Busch wurden eingeäschert, wobei Schäden von rund einer Milliarde Dollar entstanden. Die Versicherungen haben längst auf die Gefahr reagiert: Wer in dieser Gegend seinen Besitz gegen Feuer versichern will, muß tief in die Tasche greifen.

Der «Santa-Ana-Wind», der gefürchtete «Satanswind», macht Kalifornien zu einer besonders heiklen Feuerregion. Der föhnartige Fallwind bringt aus der Wüste heiße, trockene Luft, die sich beim Herabstürzen in das Becken von Los Angeles zusätzlich aufheizt. Manchmal steigt die Temperatur auf fast 40 Grad Celsius und die Luftfeuchtigkeit sinkt auf 2 Prozent. Die Landschaft wird wie in einem Trockenofen ausgedörrt. Wenn der Teufelswind im Herbst über den zundertrockenen Chaparral rast, jenes für Kalifornien typische Dickicht aus Büschen und Gras, steht die Feuerwehr auf verlorenem Posten. Dann weitet sich jeder Brandherd im Nu zum Katastrophenfeuer aus.

Während die kalifornischen Brände wegen ihrer großen Schäden stets für Schlagzeilen sorgen, ist von den ganz großen Flächenbränden nur selten etwas zu hören. Sie wüten anderswo, in den Savannen und Tropenwäldern von Afrika, Südamerika und Asien. Fast immer hat dabei der Mensch seine Hände im Spiel. Landlose Bauern, Großgrundbesitzer und internationale Konzerne brennen riesige Gebiete nieder, um Acker- oder Weideland zu gewinnen. Auf der Südhalbkugel stehen Jahr für Jahr rund 400000 Quadratkilometer Regenwald und 10 Millionen Quadratkilometer Savanne in Flammen. Die Rauchfahnen der einzelnen Brandherde verbinden sich manchmal zu riesigen Teppichen, die sogar aus dem Weltraum deutlich zu sehen sind. Die Feuer sind so gewaltig, daß sie sogar einen erheblichen Einfluß auf das Klima haben.

Feuerökologen, die seit einigen Jahren die Zusammenhänge untersuchen, haben besorgniserregende Daten gesammelt: Jedes Jahr während der Trockenzeit, wenn die Brände Saison haben, steigt die Ozonkonzentration über dem Südatlantik auf bis zu 50 Dobson-Einheiten – ein Wert, der in Deutschland Alarm auslösen würde. In dem Reinluftgebiet, das von keiner Industrie belastet wird, herrscht ein Ozon-Mief wie auf den Hauptstraßen Frankfurts oder Berlins. Das Übel kommt von weit her, aus dem Amazonasgebiet Südamerikas, wo die Regenwälder in Flammen aufgehen, und aus dem südlichen Afrika, wo Busch und Savanne brennen. In den Rauchfahnen bildet sich auf photochemischem Weg Smog, der in tiefen Luftschichten das schädliche Ozon entstehen läßt.

Während das reaktionsfreudige Reizgas schon nach wenigen Stunden und Tagen wieder verschwindet, bleiben die Treibhausgase über Jahrzehnte aktiv. Mit der Brandrodung in den Tropenwäldern gelangen Jahr für Jahr rund 1,1 Milliarden Tonnen Kohlenstoff – vor allem als Treibhausgas Kohlendioxid – in die Atmosphäre. In den letzten 130 Jahren wurden insgesamt 90 bis 120 Milliarden Tonnen frei. Die dunklen Rauchfahnen tragen erheblich zur Erwärmung der Lufthülle bei – zumal auf den verkohlten Flächen meist kein Wald nachwächst, der den Kohlenstoff wieder binden würde. Nach der Brandrodung bleibt eine karge Landschaft zurück, bewachsen allenfalls mit niederem Imperata-Gras, das kaum Kohlenstoff aufnimmt.

Die unzähligen Savannen- und Buschbrände sind dagegen für den Treibhauseffekt weniger brisant. Zwar wird dabei wahrscheinlich sogar noch mehr Kohlenstoff frei als in den schwelenden Tropenwäldern, aber die Pflanzen, die aus der Asche hervorwachsen, fangen das Treibhausgas wieder ein. Überall, wo Feuer zu einem natürlichen Zyklus gehört, wo nach dem Brand dieselbe Vegetation wie zuvor emporwächst, bleibt die Kohlenstoffbilanz im Gleichgewicht. Das Kohlendioxid durchläuft lediglich einen Kreislauf, wird freigesetzt und später, bei der Photosynthese, wieder vom frischen Grün eingeatmet. Die Asche, die nach jedem Feuer auf dem Boden liegenbleibt und sich in Sedimenten einlagert, entzieht der Atmosphäre sogar Kohlendioxid. Natürliche oder naturnahe Brände, wie sie in den klassischen Feuer-Ländern wüten, sorgen mithin für eine Reduzierung des Treibhausgases. Erst wenn der Mensch in die Kreisläufe der Natur eingreift, wenn er die Pflanzendecke nachhaltig verändert, droht Gefahr.

Kapitel 11

Getriebene Kontinente

Plattentektonik – der Motor der Erde

In einer künstlichen Eishöhle, einem Expeditionslager tief im Innern der Gletscherlandschaft Grönlands, gratulierten drei junge Wissenschaftler dem Missionsleiter zum fünfzigsten Geburtstag. Die Feier war kurz und schlicht. Statt Kuchen gab es für jeden einen Apfel, eine willkommene Abwechslung vom Expeditions-Einerlei aus Trockennahrung und Konserven. Bald beendete der Fünfzigjährige die kleine Feier, drückte seinen Kollegen zum Abschied die Hand und verließ die Station «Eismitte», dieses «gemütliche Plätzchen», wie er immer wieder gesagt hatte. Bei garstigem Wetter, minus 54 Grad Celsius und heftigem Schneesturm, trat er den Weg zum Basislager an der Westküste an, 400 endlose Kilometer.

Es war der 1. November 1930, der Winter hatte längst begonnen. Der Eskimo Rasmus Villumsen – der einzige einheimische Helfer, der trotz der Strapazen bei der Stange geblieben war – begleitete ihn. Die beiden vermummten Gestalten stapften auf Skiern hinter ihren Schlitten her, die 17 Hunde legten sich kläffend ins Zeug. Der Mann hieß Alfred Wegener – ein Forscher, der die Geowissenschaften so gründlich verändern sollte wie keiner vor ihm.

Die wissenschaftliche Anerkennung erlebte Wegener allerdings nicht mehr. An jenem verhängnisvollen Geburtstag lief er in den Tod. Wahrscheinlich hatten ihn die Anstrengungen in der eisigen Kälte überfordert, so daß auf halbem Weg sein Herz versagte. Villumsen begrub ihn im Eis und markierte die Stelle mit Skiern. Auch er kam nie am Küsten-Lager an, blieb für immer verschollen. Vielleicht hat eine Schneewehe seinen Leichnam verschüttet. Wegener dagegen wurde ein halbes Jahr später gefunden, vom Frost konserviert. Die Gefährten sahen, wie sie später erzählten, in ein ruhiges und entspanntes Gesicht.

Wegener war nicht zum ersten Mal in Grönland gewesen. Die kalte Insel mit dem kilometerdicken Eispanzer hatte ihn seit seiner Jugend in ihren Bann gezogen. Schon als junger Mann nahm er an einer zweijährigen Expedition in den arktischen Norden teil, bei der es vor allem um meteorologische und glaziologische Messungen ging. Vier Jahre später reiste er schon wieder nach Grönland und durchquerte den Norden der gewaltige Insel. Bei seiner letzten Tour standen abermals Klimaforschung und Gletscherkunde im Vordergrund. Aber Wegener hatte diesmal noch andere Pläne, außerhalb der offiziellen Expeditionsziele. Er wollte neue Beweise für seine Theorie finden, daß die Kontinente über den Erdmantel driften. Er wollte zeigen, daß sich die Lage Grönlands seit seiner ersten Expedition vor mehr als zwanzig Jahren verändert hatte.

Der begeisterte Polarforscher war ein wissenschaftlicher Dissident, ein Querdenker. Er lehnte das Bild der Erde ab, wie es die Geologen seiner Zeit zeichneten. Die Erde, so hieß es, habe sich aus einem glutflüssigen Feuerball entwickelt. Beim Auskühlen sei das Gestein zusammengeschrumpft und habe Falten geworfen, die als Gebirgszüge sichtbar seien – ähnlich wie ein Apfel, wenn er austrocknet. Während sich das Relief wandelte, sollte nach diesem Modell das Muster aus Land und Meer immer das gleiche geblieben sein, seitdem die Kontinente entstanden waren. Jeder Flecken Erde sollte wie festgeschraubt auf seinem Längen- und Breitengrad festsitzen: die arktische Insel in der Arktis, der tropische Berg in den Tropen.

Die Weltkugel als Trockenobst – da gab es zu viele Ungereimtheiten, um das zu akzeptieren: Warum, so fragte Wegener, passen die Küstenlinien von Südamerika und Afrika wie Puzzle-Steine exakt ineinander? Und warum haben an den beiden Küsten, die Tausende Kilometer Wasser trennen, vor Jahrmillionen dieselben Tiere und Pflanzen gelebt? Fossilien, die hier und dort gefunden wurden, belegen die seltsame Parallelität. Auch die Abfolgen der

Gesteinsschichten gleichen sich verblüffend – als habe ein gewaltiges Beil die Kontinente gespalten.

Die führenden Geologen jener Zeit zerstreuten solche Zweifel mit dem Hinweis auf «Landbrücken», ehemalige Verbindungen zwischen den Kontinenten. Wie einen Joker zogen sie dieses Wort aus ihren Lehrbüchern. Flora und Fauna, sagten sie, konnten sich über diese Stege austauschen. Als die Erde dann immer mehr zusammenschrumpfte, seien die Landbrücken in die Tiefe gedrückt worden und im Ozean versunken.

Schon zu Wegeners Zeiten stand die Brücken-Theorie auf schwachen Füßen. Die Geowissenschaftler wußten bereits, daß radioaktiver Zerfall im Erdinnern für einen ständigen Wärmenachschub sorgt. Von einer raschen Abkühlung um mehrere tausend Grad, wie sie für ein Absinken von Landbrücken und die Auffaltung von Gebirgen nötig gewesen wäre, konnte nicht die Rede sein. Auch war bereits bekannt, daß die Schwerkraft überall auf der Erde nahezu mit gleicher Stärke wirkt, mitten in China ebenso wie auf einer kleinen Pazifik-Insel. Das konnte nur bedeuten, daß die Kontinente trotz ihrer größeren Mächtigkeit nicht schwerer sind als der Meeresboden. Schon um die Jahrhundertwende entstand daraus die Theorie von der «Isostasie», dem Gleichgewicht innerhalb der Erdkruste. Man stellte sich die Kontinente wie Eisberge vor, die relativ leicht sind und auf einem dichteren Material schwimmen. Ihr größter Teil steckt verborgen im Untergrund und sorgt für den nötigen Auftrieb: Je höher die Berge aufragen, desto tiefer reicht die Wurzel hinab. Nach diesem Modell ist es kaum möglich, daß Landbrücken einfach im Meer versinken. Und wenn, würden sie bald wieder auftauchen.

Wegener entdeckte noch andere Schwachstellen in der herrschenden Schulmeinung. Nach dem Schrumpfungs-Modell sollte man erwarten, daß sich die Berge regelmäßig über den Erdball verteilen. Statt dessen gibt es wenige hohe Gebirgsketten, meist entlang von Küsten: etwa die Anden Südamerikas oder die Kaskadenkette Nordamerikas. Auch die Vulkane bilden lange Gürtel, und sogar Erdbeben wüten nicht überall, sondern halten sich an schmale Zonen der Zerstörung. Obendrein wunderte sich Wegener, warum in polaren Breiten einst üppige Wälder gewuchert waren, wie Fossilien belegen. Auf der kalten Insel Spitzbergen wurden sogar versteinerte Reste tropischer Baumfarne und Sagopalmen gefunden. Wenn die Kontinente ihren heutigen Platz nie verlassen hatten, wie es die klassische Theorie forderte, hätte es ein solches grünes Paradies im eisigen Norden nie geben dürfen.

Wegener hatte eine einleuchtende Lösung für all diese Rätsel. Die Kontinente, sagte er, sind mobil. Sie schwimmen wie Eisschollen auf einem zähflüssigen Untergrund über den Erdball, wobei sie Tausende von Kilometern zurücklegen. Regionen, die heute im hohen Norden liegen, befanden sich einst in den Tropen, und tropische Länder drifteten im Lauf der Erdgeschichte über polare Breitengrade. Vor Urzeiten waren alle Landmassen in einem Superkontinent vereint, den Wegener «Pangaea» (griechisch für «All-Land») nannte. Vor rund 200 Millionen Jahren brach die riesige Landmasse auseinander, und die einzelnen Schollen gingen getrennte Wege. Bis heute haben die Kontinente nichts von ihrer Dynamik eingebüßt. Noch immer verändern sie ihre Lage, prallen aufeinander, türmen Gebirge auf und tauchen untereinander ab.

Am 6. Januar 1912 wagte sich Wegener erstmals mit seinen ketzerischen Gedanken vor ein größeres Publikum: Er hielt einen Vortrag vor der «Geologischen Vereinigung» in Frankfurt am Main. Drei Jahre später veröffentlichte er ein Buch zu dem Thema. Ganz neu waren seine Gedanken freilich nicht. Die identischen Küstenlinien von Afrika und Südamerika haben die Gelehrten beschäftigt, seit Kolumbus die ersten Landkarten von Amerika mitbrachte. Schon Mitte des neunzehnten Jahrhunderts behauptete der amerikanische Wissenschaftler Antonio Snider-Pellegrini, daß alle Kontinente einst zusammengehangen hätten. Ein halbes Jahrhundert später, 1908, sprach der Geologe Frank B. Tayler von einer langsamen horizontalen Verlagerung der großen Landmassen. Doch kein etablierter Fachmann nahm solche «abartigen» Vorstellungen ernst.

Wegener übernahm diese Ideen nicht einfach, sondern war der erste, der sie mit aktuellen Forschungsergebnissen absicherte und alle Daten in einer geschlossenen Theorie bündelte. Seine Beweisführung beeindruckte durch ihre Stichhaltigkeit, an der die Fachwelt nicht einfach vorbeischauen konnte. Der Ansatz, der noch heute sehr modern wirkt, stellte das herrschende Weltbild auf den Kopf – eine wissenschaftliche Revolution. Er bedeutete für die Geowissenschaftler eine so gewaltige Zäsur wie Darwins Evolutionstheorie für die Biologen.

Revolutionäre ecken bekanntlich bei der konservativen Elite an. Das bekam auch Wegener zu spüren: Er mußte harte Kritik einstecken, wurde als Spinner abgetan und lächerlich gemacht. Man warf ihm Inkompetenz vor, weil er kein Geologe war. Dabei hatte ihn möglicherweise gerade die fehlende strenge Fachausbildung vor Vorurteilen bewahrt. Der Sohn aus einer Berliner Pfarrersfamilie war ein wissenschaftlicher Generalist. Er hatte Astronomie, Meteorologie und Geophysik studiert und behielt auch später, als er sich vor allem mit meteorologischen Forschungen befaßte, einen offenen Blick für die Arbeiten von Kollegen anderer Fachrichtungen. Das interdisziplinäre Interesse machte es ihm überhaupt erst möglich, seine Theorie von der Kontinentaldrift zu entwickeln.

Trotz der Zurückweisungen und Demütigungen hielt er zeitlebens an seinen Ideen fest und verbesserte sie immer weiter. Der passionierte Skifahrer und Weltrekordhalter im Freiballonflug war couragiert genug, den etablierten Kollegen die Stirn zu bieten. Allerdings war auch er vor Fehlern nicht gefeit, zumal die Daten und Meßergebnisse, die ihm seinerzeit zur Verfügung standen, noch sehr unzureichend waren. Seine Kritiker hielten ihm vor allem vor, daß er den Antrieb der Kontinentaldrift nicht schlüssig erklären konnte. Wegener kannte den Motor nicht, der die riesigen Landmassen bewegte. Er tippte auf die Erdrotation und leitete daraus zwei Antriebsmechanismen ab: eine «Polfluchtkraft», die jede Gesteinsscholle vom Pol zum Äquator zwinge, und eine «Westdrift», eine nach Westen gerichtete Kraft. Seine Widersacher rechneten ihm vor, daß diese Kräfte viel zu klein sind, um Kontinente auf dem zähflüssigen Untergrund zu verschieben. Sie nahmen diese Schwachstelle, der sich Wegener durchaus bewußt war, zum willkommenen Anlaß, alle seine Gedanken, ob falsch oder richtig, in Bausch und Bogen zu verdammen.

Heute weiß man, daß der Motor tief im Erdinnern sitzt. Unter der Erdkruste wallt das heiße Gestein wie Griesbrei im Kochtopf. Temperaturunterschiede lassen die zähe Masse aufsteigen und an anderer Stelle wieder absinken. Die gewaltigen Ströme zirkulieren über Tausende von Kilometern, bilden sogenannte Konvektionszellen, auf denen die starren Platten der Erdkruste reiten. Kontinente samt Meeresboden müssen sich dem Regiment der Tiefe unterordnen, werden hin und her über den Globus geschubst. Die

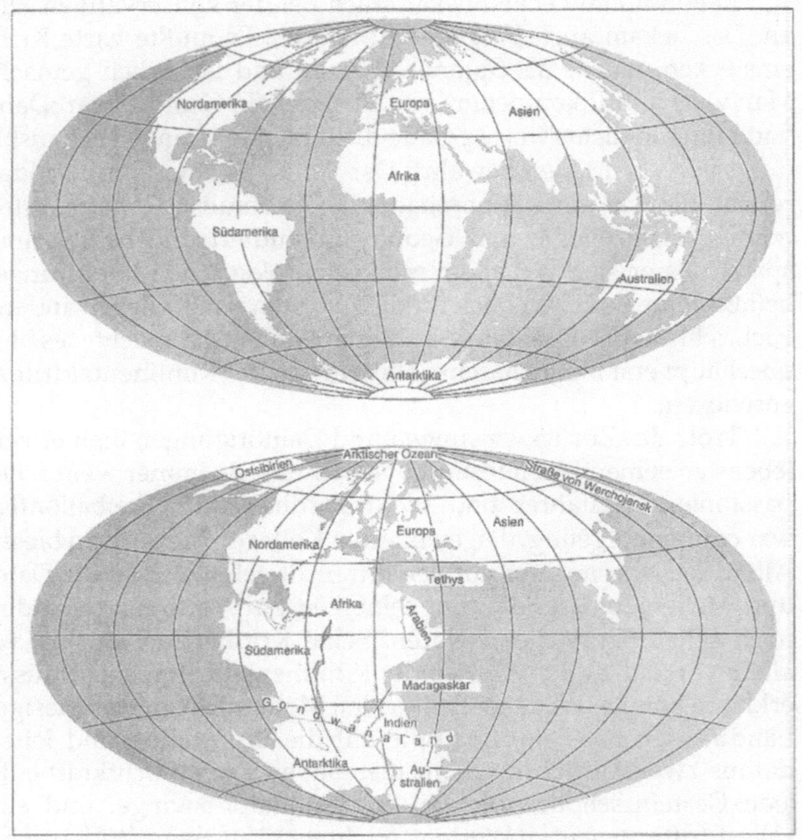

Abbildung 14
Die heutigen Kontinente (oben) können mit ihren Rändern so aneinander gelegt werden, daß ein einziger Superkontinent entsteht (unten). Wahrscheinlich hat die Erde vor 150 Millionen Jahren so ähnlich ausgesehen. © Spektrum der Wissenschaft.

gewaltige Maschinerie läuft allerdings im Zeitlupentempo. Die Platten legen nur wenige Zentimeter pro Jahr zurück – zu wenig, um ohne weiteres bemerkt zu werden. Erst mit modernen Vermessungsmethoden, etwa mit Satelliten-Navigation, lassen sich die winzigen Verschiebungen nachweisen. Kein Wunder, daß Wegeners Zeitgenossen nicht an die Weltreise ganzer Kontinente glauben mochten.

Erst drei Jahrzehnte nach dem Tod des Pioniers setzten sich die neuen Ideen gegen das verstaubte Weltbild durch. Den letzten Anstoß gab die Entdeckung der mittelozeanischen Rücken, jener endlosen Gebirgszüge, die sich tief unter dem Meeresspiegel durch alle Ozeane ziehen. Sie sind Nahtstellen der Erdkruste, an denen die harte Schale aufreißt und die Gesteinsschollen auseinanderdriften. Aus den Spalten quillt Magma und schließt beim Erstarren die offenen Wunden der Erde sofort wieder. So entsteht ständig neue ozeanische Erdkruste, die langsam von ihrer Geburtsstätte wegdriftet. Sie entfernt sich im Laufe der Jahrmillion Kilometer um Kilometer von der Naht – bis sie irgendwann, nach Tausenden Kilometern, an einen Kontinent stößt, wo sie wieder in den Erdmantel abtaucht und aufgeschmolzen wird. Wie auf einem Fließband führt der Weg von der heißen «Produktionsstätte», dem mittelozeanischen Rücken, bis zum «Recycling» unter der Küste. Ein solcher Zyklus dauert höchstens 200 Millionen Jahre, älter ist kein Stück Ozeanboden.

Auf die seltsame Erdkrusten-Fabrik wurden Forscher bei magnetischen Messungen aufmerksam. Der gesamte Meeresboden, stellten sie erstaunt fest, gleicht einem riesigen Zebrastreifen, bei dem die Magnetisierung parallel zum mittelozeanischen Rücken immer wieder wechselt. Heute kennt man die Ursache: Beim Erstarren richten sich die magnetisierbaren Kristalle im Magma nach dem irdischen Magnetfeld aus. Im Laufe der Erdgeschichte hat sich dieses Magnetfeld aber immer wieder abrupt gedreht, wurde der Nordpol zum Südpol. Das Hin und Her im Rhythmus einiger hunderttausend Jahre zwang dem Gestein das Zebramuster auf, als würde abwechselnd schwarzer und weißer Sand auf das Fließband gestreut. Die Erde hat hier eine Art Tagebuch geschrieben.

Inzwischen ist aus Wegeners Kontinentaldrift die Plattentektonik geworden. Die Grundgedanken des Pioniers blieben erhalten, viele neue Erkenntnisse kamen hinzu. So spricht man heute nicht mehr von Kontinenten, die sich verschieben, sondern von tektonischen Platten. Eine solche Platte kann sowohl aus dicker kontinentaler Kruste als auch aus dünner ozeanischer Kruste bestehen. Oft hängen auch Stücke beider Strukturen aneinander. Die afrikanische Platte etwa reicht bis zur Mitte des Atlantischen und des Indischen Ozeans. Die Platten sind dicker als Wegener annahm, zwischen 70 Kilometern unter dem Meer und 150 Kilome-

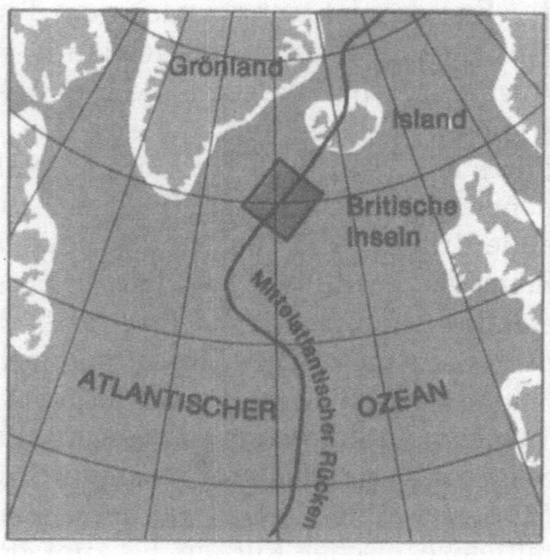

Abbildung 15a
Am Mittelatlantischen Rükken reißt der Meeresboden auf, und es entsteht eine neue ozeanische Kruste.

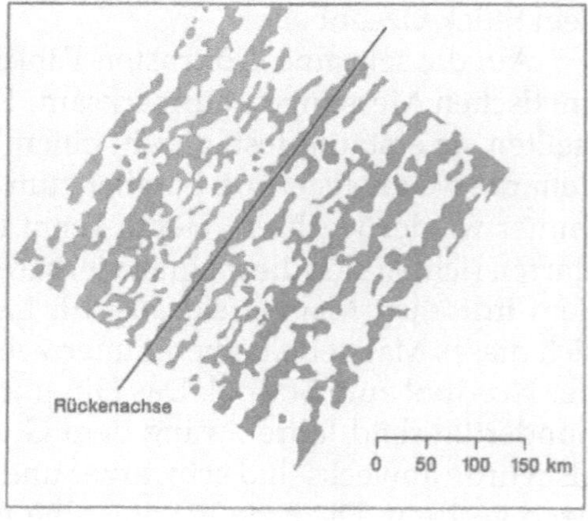

Abbildung 15b
Messungen der magnetischen Feldstärke am Mittelatlantischen Rücken (oberer Kartenausschnitt) ergeben ein symmetrisches Streifenmuster und belegen das Auseinanderdriften der Kruste.

tern unter den Kontinenten. Sie bestehen aus der dünnen Erdkruste und dem oberen Teil des Erdmantels und bilden insgesamt die Lithosphäre, die starre Gesteinsschicht, die auf der Asthenosphäre, einer plastischen Schicht, schwimmt. Die Platten wandern im gemächlichen Tempo wachsender Fingernägel über den Erdball, ein bis zehn Zentimeter pro Jahr – viel langsamer als Wegener meinte, der von vielen Metern pro Jahr ausging.

Hinter dem Schneckentempo steckt allerdings eine ungeheure Kraft. Das bekommen viele Menschen immer wieder schmerzhaft

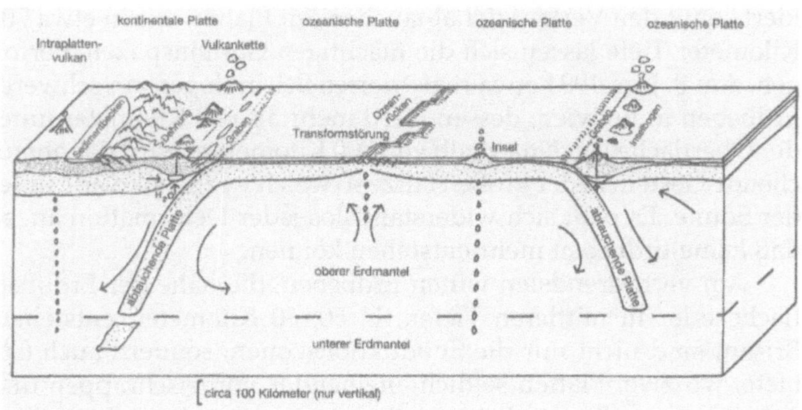

Abbildung 16
In den Ozeanen bildet sich ständig neues Krustenmaterial, driftet zur Seite und taucht an den Kontinentalrändern wieder ins Erdinnere ab.

zu spüren: wenn die Erde bebt oder Vulkane explodieren. Vor allem an den Plattenrändern knirscht es gewaltig im irdischen Getriebe. Die Platten, diese steinernen Kolosse, lassen sich in ihrem Vorwärtsdrang durch nichts bremsen, kommen selbst nach einer Kollision nicht zum Stillstand. Die Frontpartien zweier Kontinentalplatten verkeilen sich tief ineinander bis die mächtigen Gesteinspakete so zerknautscht sind wie das Frontblech eines Unfallautos. Dabei wachsen gewaltige Gebirge wie die Alpen oder der Himalaya empor.

Stößt eine ozeanische Platte gegen eine kontinentale, wie an der Pazifikküste Südamerikas, dann weicht der spezifisch schwere Ozeanboden der Konfrontation aus und taucht tief ins Endinnere ab. Geologen sprechen von Subduktionszonen. Im Sog der absinkenden Platten entstehen gewaltige Tiefseegräben, die tiefsten Stellen der Erde, manchmal mehr als 10000 Meter unter dem Meeresspiegel. Auf der Tauchfahrt verhakt sich das harte, spröde Gestein immer wieder mit der Umgebung, so daß die Bewegung stellenweise zum Stillstand kommt. Der ungestüme Vorwärtsdrang der Gesamtplatte sorgt aber dafür, daß der störende Haken schon bald mit Getöse wegbricht. Die Erschütterungswellen, die dabei nach allen Richtungen ausstrahlen, sind auf der Erdoberfläche als Erdbeben spürbar. Die Lage dieser Erdbebenherde markiert somit den Verlauf der abtauchenden Platten. Bis in etwa 700 Kilometer Tiefe lassen sich die mächtigen Gesteinspakete verfolgen. Am 8. Juni 1994 etwa registrierten Seismologen ein schweres Erdbeben in Bolivien, dessen Herd mehr als 600 Kilometer unter der Oberfläche lag. Unterhalb von 700 Kilometern wird das abtauchende Gestein in der großen Hitze so weich wie Schokolade unter der Sonne. Es paßt sich widerstandslos jeder Deformation an, so daß keine Erdbeben mehr entstehen können.

Am verheerendsten wüten Erdbeben, die nahe der Erdoberfläche oder in mittleren Tiefen, in 50, 60 Kilometer, entstehen. Brisant sind nicht nur die Subduktionszonen, sondern auch Gebiete, wo zwei Platten seitlich aneinander vorbeischrappen und sich wie zwei Streifen Schmirgelpapier aneinander reiben. Quer durch Kalifornien verläuft ein solcher Plattenrand, die San-Andreas-Störung, und macht immer wieder mit heftigen Erdstößen von sich reden. Jedes Kind kennt dort die Gefahr, die in der Tiefe schlummert, und lernt in der Schule, wie es sich im Notfall verhalten muß. Auch im Norden der Türkei verläuft eine solche gefährliche Plattengrenze: die Anatolische Störung.

Nahtstellen, an denen die Erdkruste auseinanderreißt, Subduktionszonen, wo Platten untereinander abtauchen, Verwerfungen, wo Gesteinspakete gegeneinander scheuern, Knautschzonen, wo Kontinente frontal zusammenprallen – im weltweiten Geschiebe geraten die Gesteinsschollen in jeder nur denkbare Form aneinander. Der Pas de deux der Kolosse macht immer mit Erdbeben auf sich aufmerksam. Keine Plattengrenze, die nicht von Erdstößen erschüttert wird. Vulkane sind dagegen eine geologische Zugabe. Sie häufen sich vor allem auf der Kontinentseite der Subduktionszonen, wo sie lange Ketten bilden. Der Mount St. Helens in den Vereinigten Staaten, der am 18. Mai 1980 explodierte, und der Pinatubo auf den Philippinen, der am 15. Juni 1991 ausbrach, gehören zu solchen Vulkan-Gürteln. Noch dichter stehen die Schlote unter dem Meer. Sie säumen die mittelozeanischen Rükken, an denen die Platten auseinanderdriften. Ihre Zahl läßt sich derzeit nicht einmal schätzen. Amerikanische Meeresgeologen waren überrascht, als sie Anfang der neunziger Jahre westlich der Osterinseln auf 120000 Quadratkilometern Meeresgrund, der Fläche der neuen Bundesländer, 1133 Vulkane entdeckten. Unter Wasser ist offenbar die Hölle los.

Innerhalb der Platten bleibt der Untergrund dagegen relativ ruhig. Hier sind Erdbeben und Vulkane selten. Allerdings bekommen auch diese Gebiete die gewaltigen Kräfte zu spüren, die im Erdinnern rumoren. Geowissenschaftler, die in Deutschland beim «Kontinentalen Tiefbohrprojekt» (KTB) ein neun Kilometer tiefes Loch ins kristalline Gestein getrieben haben, konnten sich davon eindrucksvoll überzeugen. Das kreisrunde Bohrloch wurde im Nu zur Ellipse zusammengedrückt, so daß sich das Gestänge immer wieder verklemmte. Der Untergrund steht unter einer gewaltigen Spannung, denn die Eurasische Platte, auf der Deutschland liegt, steckt wie in einem Schraubstock zwischen anderen Platten der Erdkruste. Das weltweite Schieben und Drücken führt manchmal dazu, daß sogar innerhalb der Schollen die Erde bebt.

Wesentlich turbulenter geht es freilich an den Rändern zu, wo sich die Kräfte immer wieder freie Bahn schaffen. Wenn Wegener noch lebte, würde er wahrscheinlich seine Polarkleidung an den Nagel hängen und seine Forschungen auf Island konzentrieren. Diese Insel hätte dem Geowissenschaftler wesentlich mehr zu bieten als das geologisch ruhige Grönland. Hier hebt sich der mittelatlantische Rücken über die Wasseroberfläche und ist somit direkt zugänglich. Als langer Graben, den man zu Fuß erkunden kann, zieht sich die Naht durch das Eiland. Daneben markieren Vulkane, heiße Quellen und Geysire die Plattengrenze.

Gefallen fände Wegener sicherlich auch an Hawaii, wo die Dynamik der Erde noch eindrucksvollere Spuren hinterlassen hat. Tief im Erdmantel unter diesen pazifischen Vulkaninseln befindet sich ein extrem heißer Flecken, der wie ein Schweißbrenner wirkt. Von dort quillt Magma herauf und brennt sich durch die Erdkruste. Die Vulkane, die dabei vom Meeresgrund emporwachsen, erreichen imposante Höhen, überragen sogar den Mount Everest: Der Mauna Kea erhebt sich vom Meeresboden in 5000 Metern Tiefe bis 4205 Meter über den Meeresspiegel. Dem Koloß ist allerdings nur ein kurzes Leben beschieden, er wird – nach geologischem Maßstab – rasch wieder verschwinden. Denn die ozeanische Kruste, die unablässig über den Erdmantel driftet, wandert aus dem Einfluß des Schweißbrenners heraus, so daß der Lava-Nachschub ausbleibt. Während die Vulkaninsel unter der Last ihres eigenen Gewichts und der Kraft der Brandung in sich zusammensinkt, entsteht neben ihr bereits eine neue Insel – und bald wieder eine neue. Die Inseln reihen sich wie an einer Perlenkette auf und markieren so den zurückgelegten Weg der Platte. An ihnen kann man die Dynamik der Erde so eindrucksvoll wie nirgendwo sonst ablesen. «Hot Spot», heißer Fleck, nennen Experten die Gegend über dem «Schweißbrenner». Für Wegener bekäme der Begriff eine doppelte Bedeutung: Der alte Polarfuchs würde unter der tropischen Sonne sicher heftig ins Schwitzen geraten.

Kapitel 12

Asche und Schwefel

Vulkane – Pforten zur Unterwelt

Wer sich mit Katia und Maurice Krafft verabredet hatte, mußte immer damit rechnen, versetzt zu werden. Die beiden Vulkanologen waren ständig auf dem Sprung. «S'il n'y a pas une éruption», pflegte die zierliche Französin zu sagen, um niemanden zu verärgern. Denn wenn irgendwo auf der Welt ein Vulkan ausbrach, ließen die beiden alles stehen und liegen und setzten sich ins Flugzeug. In ihrem Haus im elsässischen Wattwiller, nicht weit von Mühlhausen, lag die komplette Ausrüstung stets griffbereit: Kameras, Rucksäcke, Zelte, Werkzeug, wissenschaftliche Instrumente, hitzebeständige Spezialanzüge und was sie sonst noch brauchten. Das Ehepaar hatte sich mit Leib und Seele den Vulkanen verschrieben. Das Magazin «Geo» bezeichnete sie als «Kriegsberichterstatter der Vulkanologie», denn sie arbeiteten stets an vorderster Front, filmten im dichten Ascheregen und drückten noch auf den Auslöser, wenn die Glut schon an ihren Füßen leckte. Maurice Krafft träumte sogar davon, wie er einmal gestand, in einem hitzefesten Kanu einen Lavastrom hinabzufahren – so sehr faszinierte ihn das heiße Inferno.

Länger als zwanzig Jahre waren die Kraffts bei fast jedem spektakulären Ausbruch dabei. Sie überlebten rund 150 Eruptionen, mehr als jeder andere Vulkanologe. Von ihren Abenteuern brachten sie atemberaubende Filme und Fotos mit, die in aller Welt begehrt sind und in keiner Dokumentation fehlen. Auch im

Alter wollten sie ihrer Leidenschaft nachgehen. Sie hatten geplant, sich auf der Vulkaninsel Hawaii niederzulassen, dort, wo der gutmütige Kilauea für ein immerwährendes Feuerwerk sorgt und wo an brodelnder Lava kein Mangel herrscht. Doch daraus wurde nichts.

Am 29. Mai 1991 sitzen die umtriebigen Vulkanologen wieder einmal im Flugzeug – auf dem Weg zum japanischen Vulkan Unzen, der sich nach 200 Jahren Ruhe wieder regt und Rauchwolken ausstößt. Kaum angekommen, machen sie sich bereits auf den Weg. Sie lassen sich von keiner Absperrung aufhalten, marschieren geradewegs in die gefährliche Zone. Wie immer sind sie hautnah dabei, als der Vulkan am 3. Juni explodiert. Diesmal zu nah. In einer der gefürchteten Glutwolken, die im Flugzeug-Tempo die Hänge herabfegen und alles verbrennen, was ihnen im Weg steht, sterben sie.

Bauern erzählen später, ihre Dörfer hätten ausgesehen, als seien sie von Flammenwerfern niedergebrannt worden. «Der Unzen ist ein Killer», hat Maurice Krafft vor der Katastrophe – ungewollt treffend – gesagt. Der Kegel gehört zu den explosiven Vulkanen. Aus seinem Krater fließt die Glut nicht ruhig ab, sondern verschafft sich mit Gewalt einen Weg ins Freie. Bei dieser Art von Vulkanismus sprengt der innere Druck mitunter den ganzen Gipfel weg als sei er ein Sektkorken. Dem Mount St. Helens im Nordwesten der Vereinigten Staaten fehlen seit der Detonation im Mai 1980 rund 400 Meter von seiner ursprünglichen Höhe. Wie ein abgebrochener Zahn erhebt er sich nun über die verwüstete Landschaft um den Lake Spirit.

Die meisten explosiven Vulkane stehen an den Küsten rings um den Pazifik. Wie an einer riesigen Perlenkette reihen sie sich hier aneinander, von den südamerikanischen Anden über Mexiko und Alaska bis Japan und die Philippinen: ein Ring aus Feuer. Zwei Drittel aller weltweit aktiven Vulkane gehören zu dieser Girlande, darunter neben dem Mount St. Helens und dem Unzen auch Pinatubo, El Chichon, Pelée und Krakatau – lauter klangvolle Namen, die in der Vergangenheit für schreckliche Schlagzeilen gesorgt haben. Der Grund für die brisante Formation: Die Pazifik-Ränder sind Nahtstellen der Erdkruste. An diesen sogenannten Subduktionszonen tauchen schwere ozeanische Platten unter leichtere kontinentale ab und gleiten im steilen Winkel ins

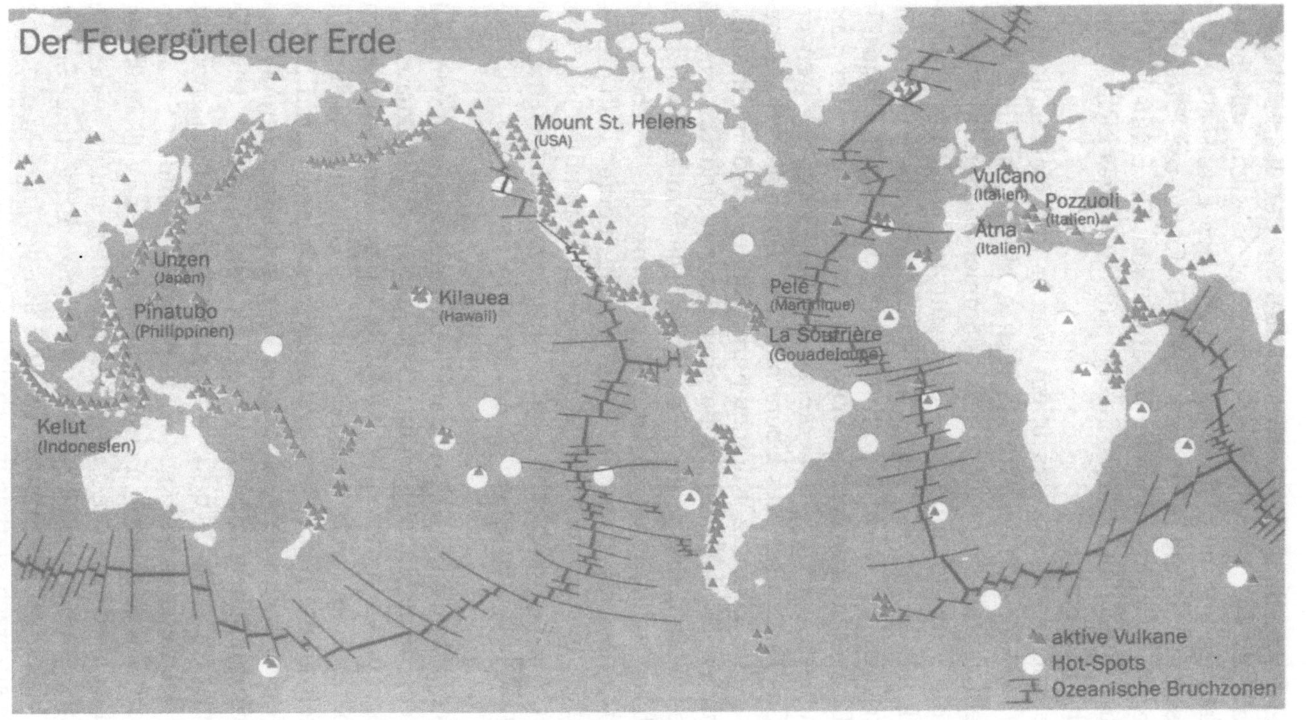

Abbildung 17
Die aktiven Vulkane bilden lange Feuergürtel an den Rändern der tektonischen Platten.

Erdinnere. Auf ihrer Tauchfahrt wühlen sie den heißen Untergrund auf, wobei verschiedene Sorten von Gestein aufschmelzen: Material aus dem Erdmantel, Teile der Erdkruste sowie Meeressedimente, die huckepack in die Tiefe geraten. Diese Zutaten vermischen sich zu einem brisanten Sud. Die Schmelze, die schließlich aufsteigt, ist zäh, relativ kühl und gasreich – eine teuflische Kombination.

Die gelösten Gase – vor allem Wasser und Kohlendioxid – wirken wie die Kohlensäure im Sekt: explosiv. Da die Pampe obendrein zähflüssig ist, verstopft sie immer wieder die Schlote, so daß die Vulkane jahrzehnte- oder jahrhundertelang in trügerischer Ruhe verharren – als gigantische Zeitbomben. Oft haben die Menschen die Gefahr längst vergessen, die vor ihrer Haustür lauert. Doch dann passiert es: Wenn der innere Druck ausreicht, um den Gesteins-Pfropfen herauszuschießen, sorgt das freiwerdende Gas für ein furioses Überschäumen. Dann steigen Aschewolken zehn, zwanzig Kilometer und höher in den Himmel, dann stürzen Glutlawinen die Berghänge hinab und wälzen sich schwere Schlammströme durch die Täler. Die Schmelze wird bei dem Inferno vollkommen zerfetzt, staubkorngroße Teilchen wirbeln durch die Luft. Wenn mit der Asche doch einmal ein größerer Brocken hinaufschießt, schäumt ihn das expandierende Gas zu einer Art Gesteins-Sahne auf. Die porösen Bimssteine, die dabei entstehen, sind so leicht, daß sie auf dem Wasser schwimmen.

Das größte Unheil richten die Glutlawinen an. Zwei von drei Menschen, die in den vergangenen 400 Jahren bei Vulkanausbrüchen starben, fielen diesen Wolken zum Opfer. Experten nennen sie pyroklastische Ströme. Sie bestehen aus Gas und Asche und entwickeln eine tödliche Hitze von mehreren hundert Grad. Selbst wenn sie sich nach kilometerlangem Weg auf Sauna-Temperaturen abgekühlt haben, können sie noch Menschen töten – denn sie enthalten giftige Gase. Tückisch macht sie vor allem ihr enormes Tempo. Bei Geschwindigkeiten von mehreren hundert Stundenkilometern ist an Flucht nicht zu denken. Den Vulkanologen Krafft, die eine Glutwolke fotografieren wollten, halfen weder die teure Ausrüstung noch ihre jahrzehntelange Erfahrung. Selbst Häuser bieten keinen Schutz. Als 1902 auf der Insel Martinique der Pelée ausbrach, starben innerhalb von Minuten sämtliche Einwohner von St. Pierre, rund 28 000 Menschen. Die giftige Hitze drang durch Fenster und Türen und verbrannte die Stadt mit Mann und Maus. Nur ein Häftling überlebte schwer verletzt, weil er in einem finsteren Verlies von dicken Mauern geschützt war.

Ein Ascheregen ist dagegen wesentlich harmloser als so eine Glutwolke, denn er geht relativ langsam nieder. Aber auch er kann innerhalb von Stunden und Tagen ganze Ortschaften verschlingen. Als 79 nach Christus der Vesuv ausbrach, versank die antike Stadt Pompeji unter meterhoher Asche. Der körnige Regen fiel so dicht, daß sich viele Bewohner nicht mehr retten konnten und lebendig begraben wurden. Die Asche konservierte sie in ihren letzten Bewegungen. Gipsabdrücke der Körper, die in Museen zu sehen sind, zeigen noch heute, was sie während der Katastrophe gerade taten, ob sie die Hände schützend vor das Gesicht hielten oder sich vor Schmerzen zusammenkrümmten. Fachleute konnten die makabren Skulpturen herstellen, weil die Toten in den Ablagerungen Hohlformen hinterlassen haben. Mit Gips ausgegossen, leben die Pompejianer wieder auf.

Auch der Vesuv ist ein Killer. Ein explosiver Ausbruch wie zu Kaiser Vespasians Zeiten kann sich jederzeit wiederholen. Heute wäre die Katastrophe sogar noch verheerender, weil in der Umgebung die Menschen inzwischen so dicht beieinanderleben wie in kaum einer anderen Vulkanregion. Rund zwei Millionen Italiener drängen sich hier, die Gefahr ständig vor Augen. Der Ätna, weiter im Süden, gehört dagegen zu den relativ gutmütigen Vulkanen. Die Schmelze, dünnflüssig und arm an Gasen, schießt meist nur einige hundert Meter hoch, ehe sie ruhig die Hänge hinabströmt. Die Gefahr, daß Menschen bei einem Ausbruch umkommen, ist gering. Die Lavaströme können zwar erheblichen Schaden anrichten, fließen aber zu langsam, um Anwohner zu überraschen. Den Menschen bleibt meist sogar genügend Zeit, ihre Möbel aus den gefährdeten Häusern zu schleppen.

Geowissenschaftler unterscheiden prinzipiell zwei Sorten von Vulkanen: explosive und effusive. Der explosive Typ, der sich längs der Subduktionszonen aufreiht, fördert vor allem aufgeschmolzenes Erdkrustenmaterial. Das Magma – zähflüssig, relativ kalt und reich an Kieselsäure – schießt als Asche himmelhoch aus dem Schlot. Effusive Vulkane sind dagegen relativ gutmütig und beziehen ihren Nachschub direkt aus dem Erdmantel. Heiß, dünnflüssig und basisch, also arm an Kieselsäure, fließt die Glut in langen Strömen von den Berghängen herab. Vulkane dieses Typs findet man vor allem an den mittelozeanischen Rücken und den Driftzonen, wo die Erdkruste aufreißt. Allerdings gelingt es nicht immer, einen Vulkan eindeutig zuzuordnen, denn die Natur kennt alle nur erdenklichen Zwischenstufen.

Selbst «sanfte» Vulkane wie der Ätna werden ihrem Ruf nicht immer gerecht. Im Jahr 1669 starben bei einem explosiven Ausbruch rund 20000 Menschen. Auch 1979 gab es dort Tote. Als bei einem Regenguß Wasser auf die Gesteinsschmelze floß, kam es zu einer Wasserdampfexplosion. Glühendheiße Brocken zischten durch die Luft und töten 15 Touristen, die sich gerade am Gipfel aufhielten. Wasser kann eine ungeheure Explosivkraft entwickeln – das hat schon mancher Koch erfahren müssen, wenn er unvorsichtig mit heißem Öl hantierte. Bei Vulkanen spricht man von «phreatischen» oder «phreatomagmatischen» Explosionen». Sie können, wenn genügend Wasser vorhanden ist, verheerend sein.

Zeugen solcher Gewalt liegen vor unserer Haustür: Die Eifel-Maare sind auf diese Art herausgesprengt worden. In Spalten hatten sich große Mengen Grundwasser gesammelt. Als Gesteinsschmelze aufstieg und damit in Berührung kam, detonierte das Gemisch so heftig, daß herausgeschleuderte Asche bis zum Bodensee flog. Sogar der Kilauea, Inbegriff eines friedlichen Vulkans, wurde 1790 zum Killer, als glutflüssiges Gestein auf Wasser traf. Eine Wolke aus heißem Dampf und Asche raste damals über das Land und tötete 160 Soldaten des hawaiischen Königs Keoua samt dem mitgeführten Troß.

Weltweit brechen jedes Jahr rund 50 Vulkane aus. Nur wenige dieser Eruptionen richten allerdings nennenswerte Schäden an. In den letzten 300 Jahren starben etwa 260000 Menschen bei Vulkanausbrüchen – keine große Zahl angesichts von 800000 Toten bei einem einzigen Erdbeben in China im Juli 1976 oder 1,4 Millionen Toten bei einer Überschwemmung des Jangtsekiang im Sommer 1931. Allerdings geht der Trend seit Jahren nach oben: Mit zunehmender Bevölkerungsdichte steigt die Zahl der Opfer. Allein in den achtziger Jahren verloren rund 25000 Menschen durch Vulkane ihr Leben, dreimal so viele wie im langjährigen Mittel.

Abbildung 7 – Als 1988 ein Drittel des Yellowstone-Parks niederbrannte, standen die Feuerwehrleute auf verlorenem Posten.

Abbildung 8 – Eine doppelstöckige Autobahn stürzte beim kalifornischen Loma-Prieta-Erdbeben vom 17. Oktober 1989 auf einer Länge von zwei Kilometern ein.

Abbildung 9 – Schwere Regengüsse bei einem Taifun haben in Hongkong parkende Autos zu einem Schrotthaufen zusammengeschwemmt.

Abbildung 10 – Vor rund 30000 Jahren schlug ein 50 Meter großer Meteorit in Arizona diesen 175 Meter tiefen und 1200 Meter weiten Krater.

Abbildung 11 – Verbogene Eisenbahnschienen – wie hier in Mexiko – zeigen drastisch, welche Kräfte bei einem Erdbeben frei werden.

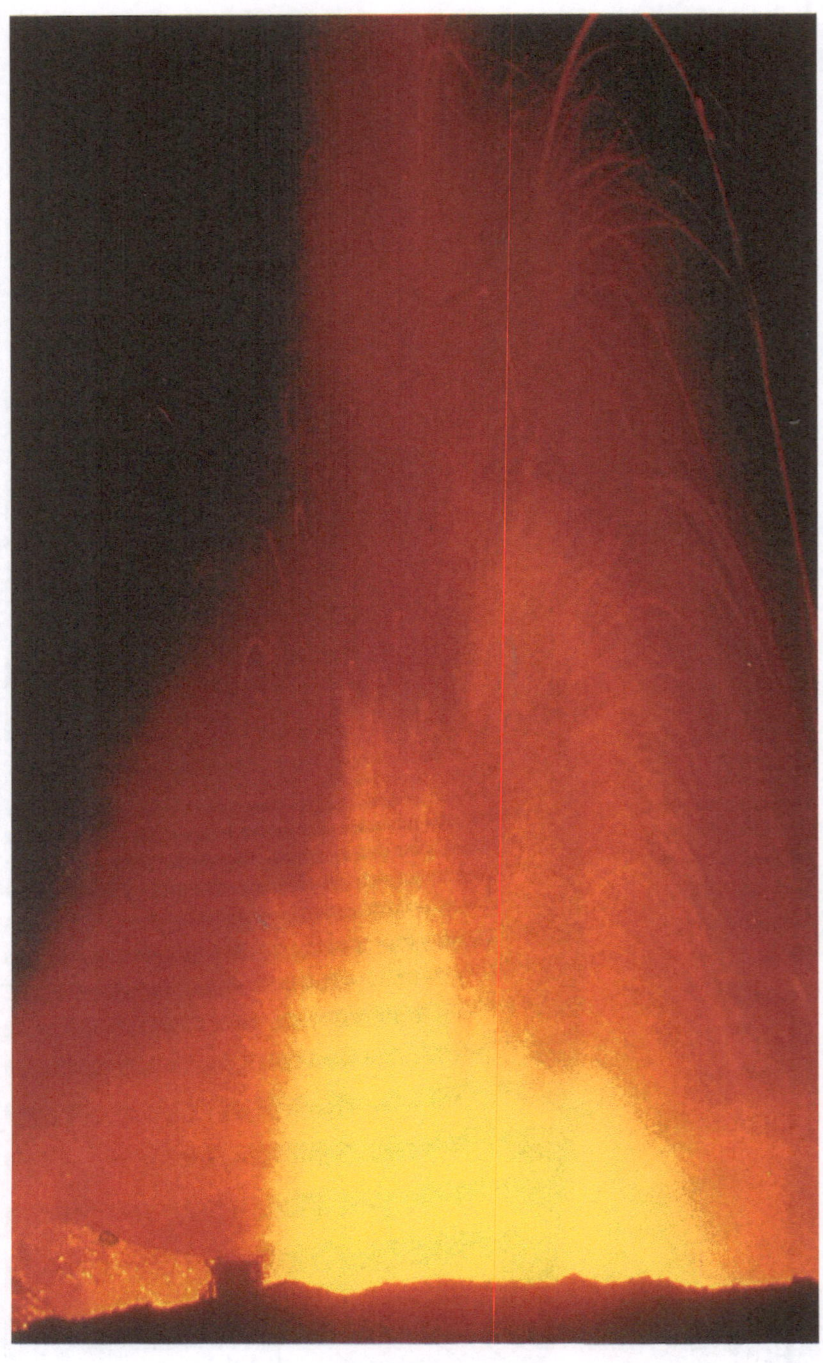

Abbildung 12 – Teuflische Schönheit: Ausbruch des Miharayama bei Tokio im November 1986.

Abbildung 18
Schwere Vulkanausbrüche.

Jahr	Vulkan	Land	Tote
1991	Pinatubo	Philippinen	875
1985	Nevado del Ruiz	Kolumbien	23 000
1983	Agung	Indonesien/Bali	3 870
1980	St. Helens	USA	60
1951	Hibokhibok	Philippinen	2 000
1951	Lamington	Papua-Neuguinea	2 940
1949	Paricutin	Mexiko	1 000
1906	Vesuv	Italien	700
1902	Pelée	Martinique	30 000
1902	La Soufrière	St. Vincent	1 500
1883	Krakatau	Indonesien	36 400
1815	Tambora	Indonesien	92 000
1669	Ätna	Italien	20 000
79	Vesuv	Italien	18 000

Es hätten noch viel mehr sein können, wenn die Erde zu einem ganz großen Schlag ausgeholt hätte. In historischer Zeit blieb die Menschheit von solchen Super-Ausbrüchen verschont. Auf der indonesischen Insel Sumatra ist aber noch zu sehen, welche Kräfte der Untergrund entfesseln kann. Bei einer gewaltigen Eruption vor knapp 75 000 Jahren wurden mindestens 2000 Kubikkilometer Lockermassen ausgeschleudert, genug um die gesamte Schweiz unter einer 50 Meter mächtigen Ascheschicht zu begraben. Nachdem die unterirdische Magmakammer entleert war, brach der riesige Hohlraum ein, und es öffnete sich ein 100 mal 35 Kilometer großes Loch. Heute füllt der Tobasee diesen riesigen Einbruchskessel, die sogenannte Caldera. Eine Insel, mitten darin, ist zum beliebten Urlaubsziel geworden. Nur eine heiße Quelle erinnert noch an die Katastrophe.

Nach statistischen Berechnungen ist etwa alle 80 000 Jahre mit einem Ausbruch dieser Größenordnung zu rechnen. Und einmal in 2000 Jahren explodiert ein Vulkan vom Tambora-Kaliber. Dieser Vulkan auf der indonesischen Insel Sumbawa, nicht weit vom

Urlauberparadies Bali entfernt, hat 1815 fast 100 Kubikkilometer Asche ausgeworfen. Gegen solche Massen gleicht der Ausbruch des Mount St. Helens einem Sandkastenspiel. Und dennoch war es das gewaltigste Spektakel in jüngster Vergangenheit, das – trotz der abgeschiedenen Lage – Schäden von fast einer Milliarde Dollar anrichtete.

Die Katastrophe begann am 18. Mai 1980, morgens um 8 Uhr 32, mit einem Erdbeben der Stärke 5 auf der Richter-Skala. Unmittelbar darauf geriet der ganze Berg in Bewegung: Seine kilometergroße Nordflanke brach weg und rutschte ins Tal. Aus dem nun weit offenen Schlot schoß die Asche 18 Kilometer hinauf, zugleich fegte eine teuflische Glutlawine aus Staub, Asche und Wasserdampf über das Land. Mit rund 600 Stundenkilometern und Temperaturen von 350 Grad Celsius zischte sie aus dem Krater, wälzte sich die Bergflanken herab und drang tief in die idyllische Waldlandschaft ein. Sie warf jeden Baum um, der ihr im Weg stand, und kam erst nach 28 Kilometern zum Stehen. Noch nach 25 Kilometern hatte sie eine Geschwindigkeit von 100 Stundenkilometern, so daß sie problemlos Autos überholte und die fliehenden Insassen erstickte. Sie verwandelte das grüne Ferienidyll in eine Mondlandschaft.

Durch die Flußtäler bahnten sich dickflüssige Schlammströme ihren Weg, lagerten sich, wo sie zur Ruhe kamen, als meterhohe Dreckschicht ab und stauten das Wasser auf. Die weitreichendsten Folgen hatte die Asche, die mit dem Wind nordöstlich trieb. Noch in einer Entfernung von 400 Kilometern verdunkelte sie die Sicht und brachte Düsenflugzeuge, 10000 Meter über dem Boden, in Gefahr. Die feinen Partikel, die aus dem Cockpit von gewöhnlichen Wolken nicht zu unterscheiden sind, können ein Triebwerk im Handumdrehen lahmlegen. In der Brennkammer schmilzt ein Teil der Asche, kondensiert anschließend in kälteren Turbinenteilen und schlägt sich als glasartiger Belag an den Wänden nieder. Die verstopften Triebwerke werden kurzatmig und bleiben, wenn es ganz dick kommt, stehen.

Bei dem Vulkanausbruch starben 60 Menschen. Es wären wesentlich mehr gewesen, wenn Gouverneur Dixy Lee Ray das Gelände nicht weiträumig abgesperrt hätte. Die Explosion hatte sich Wochen vorher angekündigt. Schon am 20. März, zwei Monate vor dem Ausbruch, erschütterte ein Erdbeben den Berg, eine

Woche später schoß erstmals Asche aus einer Spalte und quoll als blumenkohlartige Wolke über den Gipfel. Dann folgten leichte Beben in immmer dichterer Folge und ließen jedermann spüren, daß sich im Innern des knapp 3000 Meter hohen Kegels Unheil zusammenbraute. Zudem wuchs eine Beule aus dem Berg: Aufsteigendes Magma drückte wie eine Geschwulst von innen gegen das Gestein und hob die Nordflanke um rund 90 Meter an.

Trotz der deutlichen Vorzeichen kam die Explosion überraschend. Denn in den Stunden vorher hatten die Forscher keinerlei Veränderungen registriert, die sie als Indiz für den unmittelbar bevorstehenden Kollaps hätten werten können. So blieb David Johnston, einem Mitarbeiter des amerikanischen Geologischen Dienstes, keine Zeit zur Flucht. «Es ist soweit», schrie er noch in sein Funkgerät, als er die Wolken kommen sah. Dann blieb die Leitung stumm. Von ihm und seinem Auto wurde nie etwas gefunden.

Ziel der Vulkanologen ist es, solche bösen Überraschungen zu verhindern. Sie suchen nach verborgenen Regeln in dem chaotischen Eruptionsgeschehen, um zumindest eine kurzfristige Vorhersage machen zu können. Mit immer raffinierteren Geräten horchen sie in die Eingeweide der heißen Berge hinein, wobei sie sich über einen Mangel an Daten nicht beschweren können. Auf aktiven Vulkanen empfangen empfindliche Seismometer stets ein wahres Konzert von Schwingungen. Magma macht gehörig Radau, wenn es durch Spalten und Risse nach oben dringt. Meist kommt es mit solcher Vehemenz daher, daß es festes Gestein in seiner Umgebung zerbricht und schwache Erdbeben auslöst. Aus der Lage der Erschütterungen, den Hypozentren, läßt sich ablesen, wie hoch der Glutfluß bereits gestiegen ist. Hochliegende Bebenherde gelten als Indiz für einen bevorstehenden Ausbruch.

Kurz vor der Eruption verändert das Magma meist sein Verhalten: Aus dem Drücken und Stoßen wird ein ruhiges Fließen. Die Schmelze hat nun ihren Weg gefunden und strömt gleichmäßig durch die Spalten. Sie rauscht durch den Fels wie Blut durch die Adern – oft mit erstaunlicher Geschwindigkeit. Beim isländischen Vulkan Hekla hat sie sich am 17. Januar 1991 in weniger als einer halben Stunde aus der Magmakammer in vier Kilometer Tiefe einen Weg zur Oberfläche gebahnt. Der vulkanische Puls läßt das Gestein gleichförmig vibrieren, erzeugt einen sogennanten vulkanischen Tremor. Dieses seismische Signal hat sich als Unglücksbote recht gut bewährt. Sobald es empfangen wird, sollte man sich schleunigst in Sicherheit bringen.

Auch Verformungen des Geländes liefern brauchbare Indizien für einen bevorstehenden Ausbruch. Wenn Magma nach oben dringt, wölbt es meist die Erdoberfläche auf – wenn auch nur selten in dem gewaltigen Ausmaß wie am Mount St. Helens. Oft mißt die Beule nur wenige Zentimeter und ist mit bloßem Auge beim besten Willen nicht zu erkennen. Mit Neigungsmessern, Entfernungsmessern und Höhennivellements lassen sich solche Veränderungen aber millimetergenau ermitteln. Moderne Neigungsmesser – im Prinzip große Wasserwaagen – registrieren noch eine Hebung von einem Millimeter auf zehn Kilometer Länge. Amerikanische Wissenschaftler haben am Kilauea auf Hawaii, dessen Magmakammer sich in schöner Regelmäßigkeit – im Wechsel der Eruptionen – füllt und leert, gute Erfahrungen mit solchen Beobachtungen gemacht.

Trotz der Fortschritte sind die Wissenschaftler aber weit davon entfernt, präzise Vorhersagen machen zu können. Vielleicht wird das nie gelingen. Denn was sich im Innern von Vulkanen abspielt, folgt chaotischen Gesetzen: Der Zufall diktiert das Geschehen. Oft genügt ein winziger Anlaß, um einen Vulkan zum Überlaufen zu bringen. Sogar die Gezeiten haben ihre Kräfte im Spiel. Der Mayon auf der philippinischen Insel Luzon bricht mit Vorliebe bei Vollmond aus, wenn die Flut mit ihren Wassermassen auf das Eiland drückt. Kein Vulkan reagiert wie der andere, immer sind es andere Umstände, die zu berücksichtigen sind. Obwohl Vulkanologen das komplexe Geschehen mit Gravimetern, elektrischen Widerstandsmessern und anderem Gerät zu erfassen versuchen, ist die Vorhersage ein Glücksspiel geblieben.

Wenn trotzdem immer wieder Städte und Dörfer rechtzeitig evakuiert werden, ist das eher der Natur zu verdanken als der Wissenschaft. Vulkane machen fast immer lautstark auf sich aufmerksam, bevor sie explodieren. Schon Wochen vor dem Ausbruch des Pinatubo am 15. Juni 1991 zischten Schwefeldämpfe aus zahlreichen Fumarolen und schoß Asche kilometerhoch in den Tropenhimmel. Fast 80000 Menschen wurden damals evakuiert, darunter amerikanische Soldaten vom Stützpunkt Clark Air Base. «Wenn die Asche schon einen halben Meter hoch liegt», meint der Vulkanexperte Prof. Rolf Schick von der Stuttgarter Universität lakonisch, «kann von einer wissenschaftlich begründeten Evakuierung nicht die Rede sein.»

Doch nicht immer folgt auf die Ouvertüre das furiose Finale. Aschefall und Fumarolenlärm, Mikrobeben und Geländehebungen – all diese Vorzeichen können trügen. Manchmal beruhigt sich der Berg wieder – und die Experten machen lange Gesichter. Auf der Karibikinsel Gouadeloupe hat der Gouverneur 1977 mehr als 70000 Menschen evakuiert, nachdem eine Explosion den Vulkan La Soufrière erschüttert hatte und die Zahl der Mikrobeben auf über hundert pro Stunde angestiegen war. Aber nichts passierte. Als die Bewohner nach Monaten zurückkehrten, war der Volkswirtschaft ein Schaden von rund einer halben Milliarde Dollar entstanden – nicht durch den Berg, sondern durch die Evakuierung.

Auch beim japanischen Unzen gab es falschen Alarm. Die Experten zeichneten 1984 innerhalb von zwei Monaten fast 10000 Mikrobeben auf und rechneten mit einer unmittelbar bevorstehenden Eruption. Doch erst sieben Jahre später, 1991, brach der Vulkan – überraschend – aus und tötete das Ehepaar Krafft. In Indonesien mußten 1988 mehrere tausend Menschen ihre Dörfer verlassen, als der Kelut Asche spie, die Temperatur eines Gipfelsees bedenklich anstieg, Kohlendioxid unablässig zur Oberfläche blubberte, und sich schwache Beben häuften. Aber der Ausbruch erfolgte drei Monate später, nachdem die Bewohner längst in ihre Hütten zurückgekehrt waren.

Trotz der Pannen kann man den Verantwortlichen keinen Vorwurf machen: Besser eine unnötige Evakuierung als eine versäumte. Wenn ein Vulkan erst einmal ausgebrochen ist, gibt es für die Menschen in der unmittelbaren Umgebung keine Hilfe mehr. Gegen die Urgewalten, deren Zerstörungskraft in Megatonnen TNT gemessen werden, kommt die Technik nicht an. Nur ganz selten gelingt es, die entfesselten Elemente in Schach zu halten. Als 1973 auf der isländischen Insel Heimaey ein Lavastrom auf das Stadtzentrum von Vestmannaeyjar zukroch und die Hafeneinfahrt zu versperren drohte, griffen Rettungstrupps zu Pumpen und Schläuchen und spritzten kurzerhand Meerwasser auf die Glut. Mit der kühlen Dusche wollten sie die Lava verfestigen und so deren Vormarsch bremsen – mit Erfolg. Der Hafen, einer der wichtigsten für die Fischerei Islands, blieb offen. Allerdings half die Natur mit: Der Ausbruch verlor an Kraft, so daß der Lava-Nachschub ausblieb.

Die Italiener schlugen 1992 einen anderen Weg ein und gingen mit militärischen Mitteln gegen den Ätna vor. Soldaten warfen Bomben, Sprengstoff und tonnenschwere Betonblöcke in den Lavastrom, um ihn umzulenken und den Ort Zaffarena zu retten. Doch die Betonklötze schwammen wie Schiffchen auf der schweren Schmelze, und die Zehn-Zentner-Sprengladungen verpufften ohne große Wirkung. Wie durch ein Wunder blieb Zaffarena am Ende dennoch verschont. Auch hier drosselte die Natur den Nachschub.

Schlammströme, könnte man meinen, lassen sich leichter bändigen als glutflüssige Lava. Das ist ein Irrtum. Ströme, wie sie am 13. November 1985 vom kolumbianischen Vulkan Nevada del Ruiz heruntergerauscht sind, lassen sich von keiner Barriere aufhalten. Damals hatten Glutwolken auf dem 5390 Meter hohen Gipfel schlagartig Teile der Eiskappe aufgeschmolzen. Im Nu bildeten sich riesige Wassermassen, die sich mit Asche zu einem zähen Brei – wie frischer Beton – vermischten und als haushohe Flutwelle die Täler hinabstürzten. Kein Damm hätte sie aufhalten können. Nach anderthalb Stunden war die Flut noch immer dreißig Meter hoch. 72 Kilometer hatte sie zurückgelegt, als sie die Stadt Armero erreichte. Dort begrub sie rund 25 000 Menschen unter sich.

Viele der Opfer hätten überlebt, wenn sie rechtzeitig gewarnt worden wären. Der Lahar, wie solch ein Schlammstrom genannt wird, war lange genug unterwegs, um die Stadt zu evakuieren. In anderthalb Stunden hätten die Bewohner ohne Mühe höhergelegenes Gelände erreicht – wenn die Behörden nur eine permanent besetzte Beobachtungsstation in Gipfelnähe eingerichtet hätten. Das Versäumnis ist um so bitterer, als Wissenschaftler das Unglück Wochen vorher exakt vorausgesagt hatten. Die Experten konnten den Weg der tödlichen Flut so genau angeben, weil es hier schon früher Schlammströme gegeben hatte. Die Häuser von Armero standen sogar auf den Resten eines Lahars von 1845.

Eine ganz andere vulkanische Gefahr wurde erst in jüngster Zeit erkannt. Aschewolken, die bis in die Stratosphäre – höher als zehn bis fünfzehn Kilometer – geschleudert werden, können das Klima verändern und den Ozonschild schwächen. Der Ausbruch des Pinatubo im Juni 1991 auf den Philippinen hat die Temperaturen weltweit um 0,3 bis 0,5 Grad sinken lassen. Schwefelgase, vor allem Schwefeldioxid, bildeten Aerosole, die sich in 12 bis 30 Kilometer Höhe um die Erde legten und die Sonnenstrahlung wie ein Filter dämpften. Die minimale Abkühlung, die ohne empfindliche Geräte gar nicht bemerkt worden wäre, konnte freilich keinen Schaden anrichten.

Das war 1816 ganz anders. Nachdem im April 1815 in Indonesien der Tambora explodiert war, fielen die Temperaturen in manchen Ländern so tief, daß auf den Feldern die Pflanzen eingingen und viele Menschen hungern mußten. In Nordamerika und Europa waren frierende Bewohner gezwungen, mitten im Hochsommer ihre Winterkleidung aus Schränken und Truhen zu holen. Auch auf der Schwäbischen Alb fiel Schnee, wie Chroniken berichten. Wie tief müssen die Temperaturen dann erst in prähistorischer Zeit gesunken sein, als auf der indonesischen Insel Sumatra die riesige Caldera einbrach, die heute der Tobasee füllt? Vielleicht haben Vulkanausbrüche dieses Kalibers sogar Eiszeiten ausgelöst.

Ob uns in nächster Zeit ein solcher Super-Ausbruch ins Haus steht, läßt sich nicht einmal mit statistischen Methoden vorhersagen. Dabei erhalten Geowissenschaftler im allgemeinen recht verläßliche Prognosen, wenn sie aus Rhythmus und Art früherer Ausbrüche auf die Zukunft schließen. Denn ein Vulkan bleibt seinem Charakter meist über Jahrmillionen treu. Allerdings reicht der Blick in die Erdgeschichte nicht weit genug zurück, um die seltenen Großereignisse zu erfassen.

Immerhin reicht er aber weit genug, um den Deutschen ein böses Desaster anzudrohen: Der Vulkanismus in der Eifel ist noch längst nicht erloschen. Die letzte Ausbruchsphase liegt zwar mindestens 10000 Jahre zurück, aber Pausen dieser Länge gehören hier zum üblichen Trott. Es ist noch lange nicht an der Zeit, sich beruhigt zurückzulehnen.

Kapitel 13

Veitstanz der Erde

Wann kommt das nächste Erdbeben?

Charles Darwin war schon länger als drei Jahre unterwegs, als sein Schiff, die «Beagle», in Valdivia an der chilenischen Küste festmachte. Der Biologe, der später als Begründer der Evolutionstheorie weltberühmt werden sollte, nahm als unbezahlter Naturforscher an einer abenteuerlichen Weltreise teil. Er war unmittelbar nach seinem Studium aufgebrochen, einer für ihn schwierigen Zeit, in der er mühsam nach einer Richtung für sein Leben gesucht hatte. Zunächst wollte er Arzt werden, wie sein reicher Vater, gab aber die Ausbildung auf, weil ihm die Operationen ohne Narkose an die Nerven gingen. Dann wandte er sich der Theologie zu, kümmerte sich jedoch mehr um Biologie und Geologie als um die Heilige Schrift.

Jetzt, am 20. Februar 1835, lag die Zeit der Ungewißheit weit hinter ihm. Obwohl er vor zwei Wochen erst 26 Jahre alt geworden war, hatte er schon viel von der Welt gesehen, war um Kap Horn gesegelt, hatte sich über barbarische Bräuche der Feuerländer mokiert und miterleben müssen, wie weiße Siedler Jagd auf australische Ureinwohner machten. Vor allem aber hatte er in diesen Reisejahren eine reiche wissenschaftliche Ausbeute zusammengetragen – genug, um sich ein Leben lang damit zu beschäftigen. Er hatte ganze Bücher mit Aufzeichnungen gefüllt und von jedem Landgang wissenschaftliche Beweisstücke mitgebracht. Im Rumpf der «Beagle» lagerten truhenweise Fossilien und präparierte Tiere, vor allem ausgestopfte Vögel. Denn dem Federvieh stellte Darwin mit besonderer Leidenschaft nach.

Auch hier, am Fuß der Anden, hatte er sein Gewehr dabei. Er hatte es an einen Baum gelehnt, während er sich auf dem weichen Waldboden ausstreckte und schläfrig in den hellen Himmel blinzelte. In der Ferne hörte er, wie die Wellen des Pazifischen Ozeans gegen die Küste schlugen. Plötzlich war er hellwach: Ein heftiges Erdbeben ließ den Boden erzittern. Er konnte nur mit großer Mühe aufstehen, denn das minutenlange Schwanken machte ihn «beinahe schwindelig», wie er später schrieb. Ihn übermannte das grausige Gefühl, alle gewohnte Sicherheit zu verlieren, mit dem physischen auch den psychischen Halt einzubüßen: «Die Erde, das Sinnbild der Festigkeit, hat sich wie eine Flüssigkeit bewegt», erinnerte er sich. «Eine einzige Sekunde hat ein fremdartiges Gefühl der Unsicherheit hervorgerufen, wie es Stunden des Nachdenkens nicht könnten.»

In den nächsten Tagen segelte die «Beagle» 350 Kilometer nordwärts, bis nach Concepción. Erst dort erkannte Darwin, welche Verheerung das Erdbeben angerichtet hatte. Die Stadt lag in Trümmern, und Plünderer zogen durch die Ruinen. Sämtliche Dörfer in der Umgebung waren zerstört. Was die Erdstöße nicht kaputtgeschlagen hatten, war in Flammen aufgegangen, angefacht durch die offenen Herdfeuer. Ein besonders grausiges Bild bot sich an der Küste, wo die traurigen Reste der Zivilisation im Wasser dümpelten: zersplitterte Balken, Stühle, Tische, Regale, ganze Dächer, tote Tiere. Eine riesige Flutwelle, vom Erdbeben ausgelöst, hatte sämtliche Häuser, die am Meer standen, bis auf die Fundamente fortgespült. Das Wasser war mit solcher Wucht herangebraust, daß es Schiffe hoch auf das Land geschleudert und tonnenschwere Kanonen mitsamt Lafette meterweit verschoben hatte.

Darwin war schockiert von dem Elend und Chaos – aber auch beeindruckt. Tagelang streifte er durch das Land und fand überall weitere Spuren der Naturgewalt: Im Boden hatten sich tiefe Risse aufgetan, manche einen Meter breit. Ein weiter Küstenstreifen war sogar um mehrere Meter angehoben worden. Muschelbänke, die vor kurzem noch vom Wasser umspült wurden, lagen nun trocken. Als wäre das alles noch nicht genug, waren obendrein mehrere Vulkane ausgebrochen und spien Aschewolken in den sommerlichen Himmel. Die Einheimischen waren von dem Spektakel weit weniger überrascht als Darwin. Von ihnen erfuhr er, daß die Gegend schon oft von Erdbeben erschüttert worden war.

Darwin glaubte bald, die Ursache für all die ungewöhnlichen Phänomene, die er penibel aufgezeichnet hatte, gefunden zu haben. Seiner Ansicht nach befand sich unter dem Südwesten Südamerikas eine riesige Magmakammer, die wie ein Geschwulst von unten gegen die Erdkruste drückte und sie anhob. Dabei, so meinte er, reiße das Gestein immmer wieder auf und lasse die Erde beben. An manchen Stellen finde das Magma einen Weg durch das feste Gestein und gelange durch Vulkanschlote hinaus ins Freie. Darwin glaubte, daß sich der Boden bei jedem Erdbeben ein Stück hebt. Auf diese Weise seien im Lauf der vergangenen Jahrtausende die Anden entstanden. Der Biologe zog diesen Schluß vor allem deshalb, weil er in großer Höhe Meeresfossilien gefunden hatte. Wie konnten sie dorthin gelangen, fragte er sich, wenn nicht das ganze Gebirge langsam emporgehoben worden war?

Heute darf kein Student seinem Professor mit einer solchen Theorie kommen. Wenn man allerdings bedenkt, daß die Wissenschaft damals über das Innere der Erde so gut wie nichts wußte, muß man Darwins Scharfsinn bewundern. Er erkannte eine ganze Reihe grundlegender Gesetzmäßigkeiten: das plötzliche Vorschnellen riesiger Gesteinspakete als Ursache von Erdbeben und Flutwellen, den Zusammenhang zwischen Erdbeben und Vulkanismus in dieser Region, und das langsame Emporwachsen der Anden. Auch machte er Kräfte tief im heißen Untergrund für die Dynamik verantwortlich. Freilich wußte er noch nicht, daß die gesamte Erdkruste aus einem Puzzle gewaltiger Schollen besteht, die über den Erdball driften (siehe Kapitel «Getriebene Kontinente»). Die Theorie der Plattentektonik setzte sich erst ein gutes Jahrhundert später durch.

Darwin war Zeuge eines Naturereignisses geworden, wie es für sogenannte Subduktionszonen typisch ist – Gebiete, wo eine ozeanische Platte bei einer Kollision unter eine kontinentale gedrückt wird. An der Küste, die er durchstreifte, schiebt sich der Pazifikboden im Schneckentempo unter die Südamerikanische Platte und taucht steil ins Erdinnere ab. Dabei knirscht es immer wieder im irdischen Getriebe: Die gewaltigen Gesteinsschollen verhaken sich, so daß sich Spannungen aufbauen, die sich von Zeit zu Zeit schlagartig entladen und Erdbeben lostreten. Seismologen können anhand der Lage der Erdbebenherde die Tauchfahrt der Platte recht gut verfolgen. Erst in etwa 700 Kilometern Tiefe verliert sich die Spur. Darunter gibt es keine Erdbeben, weil die Hitze das Gestein so weich wie Knete werden läßt. Der zähe Felsenbrei kann weder zerbrechen noch Spannungen aufbauen, sondern gibt jeder Kraft nach, indem er sich verformt.

Subduktionszonen sind die gefährlichsten Gebiete der Erde. Rund 90 Prozent der Erdbebenenergie, die weltweit frei wird, entlädt sich hier. Erst am 6. Juni 1994 bäumte sich in den bolivianischen Anden der Boden auf, nicht weit von Darwins Schreckenswald entfernt. Das Beben, dessen Herd in 625 Kilometer Tiefe lag, hatte eine Magnitude von 8,2 – ein gewaltiger Schlag. Die Vibrationen waren noch in Toronto, Montreal und Minneapolis zu spüren, verloren sich erst nach einer Distanz von 6000 Kilometern.

Subduktionszonen ziehen sich rund um den Pazifik, von Feuerland bis Mexiko, entlang der Küsten Japans, der Philippinen und Alaskas bis zu den Fidschi-Inseln. Auch durch das Mittelmeer verläuft eine solche Zone. Die Kräfte des Erdinnern nagen unermüdlich an diesen Ozeanrändern, verschlingen Jahr für Jahr Stükke der Erdkruste, so daß der Pazifik – ebenso wie das Mittelmeer – immer kleiner wird. Die abtauchenden Platten lassen nicht nur die Erde beben, sondern wühlen auch das zähflüssige Erdinnere auf, so daß Magma aufsteigt und für einen heftigen Vulkanismus sorgt. Darwin hatte also recht, als er einen Zusammenhang zwischen Erdbeben und Vulkanausbrüchen vermutete.

Nicht alle Pazifikküsten gehören zu den Subduktionszonen. An der gefürchteten San-Andreas-Verwerfung in Kalifornien tauchen die Platten nicht untereinander ab, sondern schrappen auf gleicher Höhe aneinander vorbei. Auch dabei kommt es zu Erdbeben, sogar sehr heftigen. Sie richten besonders große Schäden an, weil ihr Herd meist nahe an der Oberfläche liegt, so daß die Vibrationen nicht von einer dicken Gesteinsschicht gedämpft werden. Das haben die Kalifornier in der Nacht zum 17. Januar 1994 wieder einmal zu spüren bekommen. Ein Erdbeben der Magnitude 6,6 erschütterte die Gegend um Los Angeles, tötete 60 Menschen und richtete Schäden von mehr als 30 Milliarden Dollar an. Tausende Gebäude fielen in Trümmer, Brücken stürzten ein, Stromleitungen rissen, Gasleitungen schlugen leck, und Häuser fingen Feuer. Hunderttausende von Menschen blieben an diesem verhängnisvollen Tag ohne Strom und Wasser. Erinnerungen an das katastrophale Erdbeben vom April 1906 wurden wach, das mit noch viel größerer Kraft (Magnitude 8,3) gewütet hatte. Damals brannte in einem Feuersturm die ganze Innenstadt von San Francisco nieder, nachdem sich ausströmendes Gas entzündet hatte. Ein solches verheerendes Erdbeben würde bei der heutigen Bebauungsdichte Schäden von mindestens 100 Milliarden Dollar anrichten und Tausende Menschen töten. Experten erwarten «the big one», wie der großen Schlag respektvoll genannt wird, schon in naher Zukunft.

Ob Platten der Erdkruste untereinander abtauchen oder aneinander entlangscheuern – stets sind es die Plattenränder, die von Erdbeben erschüttert werden. Trägt man die Epizentren aller Erdbeben auf einer Weltkarte ein, so bilden die zahllosen Punkte diffuse Linien, die das Bild der Platten nachzeichnen. Nach dem Modell der Plattentektonik sollte das Innere der kompakten Gesteinsschollen vor solchen Gefahren gefeit sein. Denn wo sich nichts gegeneinander bewegt, kann sich auch nichts verhaken. Doch so einfach ist das nicht. Am 30. September 1993 starben im Nordwesten Indiens, weitab von jedem Rand, rund 11 000 Menschen, als heftige Erdstöße ihre Häuser kurz und klein schlugen. Im Jahr zuvor, am 13. April 1992, wurden in Deutschland viele Menschen aus dem Schlaf gerissen, weil ihre Betten wie Segelschiffe schwankten. Ein Beben der Stärke 5,9 auf der Richter-Skala, dessen Epizentrum in der Nähe der niederländischen Stadt Roermond lag, hatte das Rheinland durchgeschüttelt. Häuser bekamen Risse, Dachziegeln und Kaminteile prasselten auf parkende Autos herab, sogar vom Kölner Dom krachte ein acht Zentner schwerer Schmuckstein herunter und durchschlug das Dach eines Seitenschiffs.

Innerhalb der Platten gibt es Schwachstellen, die bei hohem Druck nachgeben und brechen können. Man kann sie sich wie haarfeine Sprünge in einer Schale vorstellen, die bei großer Belastung zwar knirschen, aber nicht die ganze Keramik zerbrechen lassen. Entlang des Oberrheins verläuft ein solcher Sprung. Er entstand beim Absenken des Oberrheingrabens – einem Vorgang, der noch immer anhält – und zerschneidet über Hunderte von Kilometern Europas Untergrund. Das Gestein in seiner Umgebung steht unter einem gewaltigen Druck, denn die Eurasische Platte,

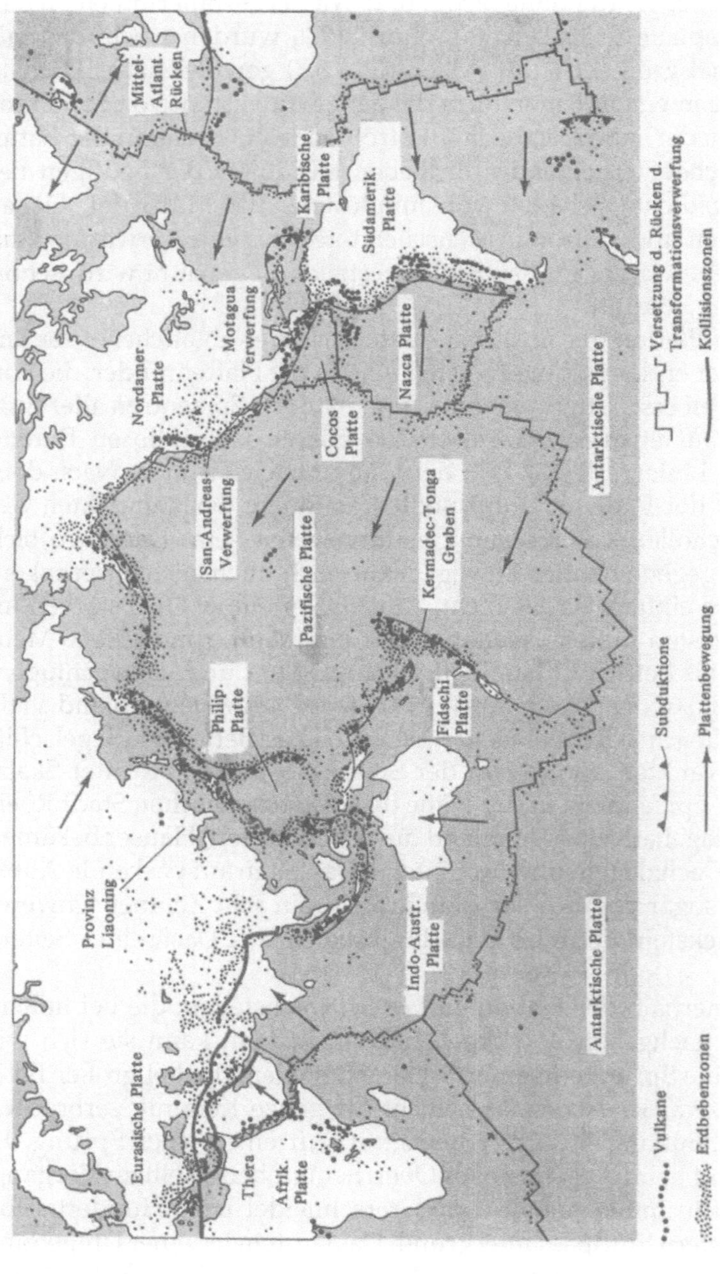

Abbildung 19
Erdbeben und Vulkane konzentrieren sich an den Rändern der tektonischen Platten

auf der Deutschland liegt, ist wie in einen Schraubstock gespannt: Von Süden drückt die Afrikanische Platte mit solcher Vehemenz, daß sich in der Knautschzone die Alpen aufgefaltet haben; den Gegendruck liefern Konvektionsströme im Umfeld der mittelatlantischen Riftzone, die quer durch Island verläuft. In diesem Zangengriff kann es zu Erdbeben kommen. Dennoch sind sogenannte Intraplattenbeben selten, liefern nur ein halbes Prozent der weltweit freiwerdenden Erdbebenenergie. Mitteleuropa gilt als relativ sicher, ebenso wie Australien, Indien oder Afrika – auch wenn bisweilen die Gläser klirren.

Nur wer in der Nähe von Plattenrändern wohnt, kennt die ständige Angst vor dem unterirdischen Terror. In Japan, Mexiko oder Kalifornien hat fast jeder schon einmal erlebt, wie der felsenfeste Untergrund plötzlich schwankte und das eigene Heim zur Falle wurde – ein Horror, den man sein Lebtag nicht vergißt. Erdbeben sind Killer, die immer wieder Tausende von Menschen ins Verderben stürzen. Die meisten Opfer werden von den Trümmern ihres eigenen Hauses erschlagen. Im Jahr 1992 gingen 32 Prozent aller Toten, die bei den 50 schwersten Naturkatastrophen umkamen, auf das Konto von Erdbeben, aber nur zwei Prozent der Sachschäden. Manchmal sterben bei einem einzigen Erdbeben mehr als 100000 Menschen, etwa beim großen Tokio-Beben am 1. September 1923 oder den schweren Erschütterungen in China in den Jahren 1976 und 1927. Insgesamt verloren in diesem Jahrhundert mehr als zwei Millionen Menschen bei Erdbeben ihr Leben, so viele wie bei allen anderen Naturkatastrophen zusammen. Vor allem die Dritte Welt, wo für wirksame Vorsorge das Geld fehlt, muß einen hohen Blutzoll bezahlen.

Nur selten konnte eine Warnung Unheil verhindern. Dabei hatte der renommierte amerikanische Geowissenschaftler und Präsidentenberater Frank Press schon Anfang der siebziger Jahre versprochen, in zehn Jahren sei das Problem der Vorhersage gelöst. Er hatte den Mund zu voll genommen. Bisher ist lediglich auf die Statistiken halbwegs Verlaß, die zwar kein konkretes Datum für das nächste Beben liefern, aber immerhin ein – mehr oder weniger großes – Zeitfenster. Diese grobe Vorhersagemethode basiert darauf, daß sich Erdbeben relativ regelmäßig wiederholen. Nach dem Modell der Plattentektonik spielt sich in jeder Erdbebenregion tretmühlenartig immer wieder derselbe Vorgang ab:

Abbildung 20
Schwere Erdbeben.

Datum	Ort	Magnitude nach Richter	Tote	Schaden Mill. Dollar
17.01.1994	USA/Kalifornien	6,6	60	>20 000
30.09.1993	Indien/Maharashtra	6,4	>11 000	280
12.07.1993	Japan/Okushiri	7,8	247	500
12.12.1992	Indonesien	6,8	2 500	100
20.10.1991	Indien	6,1	2 000	100
16.07.1990	Philippinen	7,7	1 660	2 000
21.06.1990	Iran	7,7	40 000	7 000
28.12.1989	Austalien/Südostküste	5,4	12	3 200
17.10.1989	USA/Loma Prieta	7,1	68	6 000
07.12.1988	UDSSR/Armenien	6,8	25 000	14 000
19.09.1985	Mexiko	8.1	10 000	4 000
23.11.1980	Italien/Potenza	7,2	3 100	10 000
16.09.1978	Iran	7,7	20 000	11
03.09.1978	BRD/Schwäbische Alb	5,3	0	25
27.07.1976	China/Tangshan	7,6	800 000	5 600
06.05.1976	Italien/Friaul	6,5	1 000	3 600
31.05.1970	Peru/Chimbote	7,8	67 000	500
01.09.1923	Japan/Tokio	8,2	105 000	2 800
18.04.1906	USA/San Francisco	8,3	2 000	500
18.10.1356	Schweiz/Basel	?	300	?

Die tektonischen Platten verhaken sich ineinander und kommen partiell zum Stehen. Da die gesamte Platte unablässig mit konstanter Geschwindigkeit weiterschiebt, baut sich – als würde eine Feder auseinandergezogen – eine Spannung auf, die mit jedem Jahr wächst. Irgendwann erreicht sie einen kritischen Wert, so daß der störende Haken schlagartig wegbricht: Ein Erdbeben erschüttert die Umgebung. Die Wellen – Seismologen unterscheiden verschiedene Wellentypen, von denen einige in Ausbreitungsrichtung, andere quer dazu schwingen – breiten sich mit Geschwindigkeiten bis zu 8 Kilometern pro Sekunde und mehr aus, laufen durch die Erdkruste, durch den Erdmantel, manche sogar durch den Erdkern und lassen weltweit die Seismometer tanzen. Sobald sich die Erde, nach zahllosen Nachbeben, wieder beruhigt hat, beginnt ein neuer Zyklus. Wieder kommt die Bewegung zum Stillstand, weil die Platten den Reibungswiderstand des rauhen Felsens nicht überwinden können. Wieder wächst die Spannung – bis zum nächsten furiosen Finale. Zwischen zwei Erdbeben, das fordert dieses Modell, sollte stets etwa dieselbe Zeit vergehen.

Die Erfahrungen haben die Theorie weitgehend bestätigt: An jedem Abschnitt eines Plattenrandes wiederholen sich Erdbeben mit gewisser Regelmäßigkeit. Hält die Ruhe einmal ungewöhnlich lange an, ist Gefahr im Verzug – vor allem, wenn die Nachbarabschnitte bereits von einem Erdbeben erschüttert wurden. «Seismic gap» nennen Experten diese brisanten Zonen. Parkfield, ein kleiner Ort an der San-Andreas-Verwerfung, ist zum Synonym für eine solche seismische Lücke geworden. Hier rumort der Untergrund etwa alle 22 Jahre, zuletzt in den Jahren 1881, 1901, 1922, 1934 und 1966.

Amerikanische Wissenschaftler zogen auf diesem unruhigen Fleck ihre Kräfte zusammen, weil sie endlich einmal ein starkes Beben mitsamt Vorspiel und Nachklang in allen Einzelheiten studieren wollten. Es ging ihnen vor allem darum, Phänomene zu finden, die dem Erdbeben vorausgehen und damit für eine Vorhersage genutzt werden können. Sie spickten die kalifornischen Hügel mit hochempfindlichen Seismometern, stellten Laser-Kanonen auf, um Geländeverschiebungen millimetergenau zu vermessen, und horchten die Erde nach allen Regeln der Geophysik ab. Ob irdisches Schwerefeld, elektrische Leitfähigkeit des Untergrunds oder Grundwasserpegel – sie behielten alle Parameter penibel im Auge. Aber das große Beben, das sie spätestens 1992 erwarteten, blieb aus. Die Statistik hatte diesmal zu kurz gegriffen. Nur ein paar schwache Erdstöße gingen den Forschern in das millionenteure Meßnetz.

In der Türkei ist ebenfalls ein Erdbeben überfällig. An der Nordanatolischen Verwerfung, wo die Eurasische Platte an die Anatolische stößt, haben deutsche Wissenschaftler zum großen Lauschangriff auf die Erde geblasen. Aber nachdem seit 1863 im Mittel alle 15 Jahre ein starkes Beben die Gegend erschüttert hat, herrscht seit 1967 Ruhe. Das stärkste Beben kam über eine harmlose Magnitude von 4,2 nicht hinaus. Abergläubische Gemüter könnten vermuten, die Erde wolle sich nicht in die Karten schauen lassen. Die Forscher geben aber nicht auf und warten noch immer auf den großen Knall – in der Hoffnung, dem Untergrund doch noch seine Geheimnisse entlocken zu können. Wenn sie auch nur ein einziges meßbares Phänomen aufspüren, das jedem starken Erdstoß vorausgeht, wäre das Problem der Vorhersage gelöst.

In den sechziger Jahren schien ein solcher Durchbruch zum Greifen nahe. Der Geologe William Brace vom Massachusetts Institute of Technology machte zufällig eine bahnbrechende Entdekkung: In seinem Labor malträtierte er Gesteinsproben mit mächtigen Hochdruckpressen. Dabei stellte er fest, daß sich die Brocken, lange bevor sie brechen, physikalisch verändern. Schon bei der halben Bruchspannung öffnen sich Mikrorisse, die das Volumen des Steins vergrößern. Dieses Aufquellen, das Geowissenschaftler als Dilatanz bezeichnen, beeinflußt andere Parameter wie den elektrischen Widerstand und die für jeden Gesteinstyp charakteristische Schallgeschwindigkeit – Werte, die sich auch im Gelände aus großer Distanz messen lassen.

Die Seismologen jubelten. Sie konnten nun viele Phänome, die manchmal vor Erdbeben beobachtet wurden, unter einen Hut bringen. Ihrer Meinung nach verhält sich das Gestein im Untergrund ebenso wie der Brocken im Labor: Tage vor einem großen Knall öffnen sich Mikrorisse, und das Volumen des Gesteins wird größer, so daß sich die darüberliegende Erdoberfläche minimal hebt. Auch strömt aus den Rissen radioaktives Gas aus, vor allem Radon, und verursacht manchmal ein dämonisches Wetterleuchten. Dann sickert langsam Wasser in die Hohlräume – der Grundwasserspiegel sinkt, Blasen steigen in Brunnen auf, Quellen versiegen. Das Wasser wirkt im Untergrund wie ein Schmiermittel, treibt mit seinem hydrostatischen Druck die frischen Rißflächen auseinander – bis schließlich die Schwächezone kollabiert, und die Erde bebt.

Als es einigen Forschern gelang, mit der Dilatanz-Theorie einige kleine Beben vorherzusagen, schien der Knoten geplatzt. Angestachelt von der allgemeinen Euphorie, starteten die Chinesen eine einzigartige Kampagne. In ihrem Land fordern Erdbeben immer wieder Hunderttausende Opfer, denn die meisten Menschen wohnen in Lehmbauten mit schweren Ziegeldächern, die schon bei schwachen Erdstößen zusammenfallen. Der damalige Premierminister Tschou En-Lai rief kurzerhand einen «Volkskrieg gegen Erdbeben» aus. Er ließ nicht nur zahllose Erdbebenwarten bauen, sondern warf auch ein Heer von Laienforschern in den Kampf. Rund 100000 Chinesen hielten fortan Ausschau nach ungewöhnlichen Phänomenen, nach Pegelschwankungen in Dorfbrunnen, versiegenden Quellen oder einer Häufung schwacher Beben. Auch Tiere, deren Sinne empfindlicher als viele Geräte reagieren, bekamen einen Platz in der Schlacht gegen die Naturgewalt. Aus bitterer Erfahrung wußten die Chinesen, daß Mäuse, die in Scharen die Häuser verlassen, Pferde, die grundlos scheuen, oder Fische, die wild hin und herschießen, Vorboten eines kommenden Unglücks sein können.

Zum Jahresbeginn 1975 wurde es ernst: Böse Vorzeichen häuften sich, geomagnetische und geoelektrische Messungen zeigten verräterische Veränderungen, in vielen Teichen trübte sich das Wasser, sogar Schlangen erwachten aus ihrer Winterstarre und blieben erfroren auf den Straßen liegen. Am 3. Februar, nach mehreren schwachen Erdstößen, schlugen die Wissenschaftler Alarm, und die Behörden riefen die Bewohner der Stadt Haicheng und vieler umgebender Orte auf, ihre Häuser zu verlassen. Gerade rechtzeitig. Stunden später ließ ein Erdbeben der Stärke 7,3 auf der Richter-Skala Abertausend Gebäude einstürzen – tötete aber nur wenige Menschen.

Doch die Freude, die Naturgewalt besiegt zu haben, war nur kurz. Nur ein Jahr später, am 28. Juli 1976, starben beim verheerendsten Erdbeben dieses Jahrhunderts im dichtbesiedelten Stahl- und Kohlerevier um Tangschan mindestens 240000 Menschen, nach inoffiziellen Angaben sogar 800000. Diesmal hatte es keine eindeutigen Vorzeichen gegeben. Erdbebenwächter hatten zwar beunruhigende Veränderungen beobachtet, aber zu wenige und zu diffuse, um daraus auf eine bevorstehende Katastrophe schließen zu können. Der Schlag fuhr nicht nur den chinesischen Experten in die Knochen, sondern auch dem weltweiten Seismologenheer. In den Instituten machte sich Ernüchterung breit. Seitdem hüten sich seriöse Wissenschaftler, von einem bevorstehenden Durchbruch bei der Vorhersage zu sprechen.

Einige japanische Wissenschaftler wie Robert Geller von der Tokyo University haben sogar vollends resigniert und klipp und klar erklärt, eine Vorhersage sei niemals möglich. Mitte 1994 fielen sie ihren Kollegen in den Rücken, als sie schimpften, Japan habe seit den sechziger Jahren Abermillionen Dollar in ein aufwendiges Vorhersage-Programm gesteckt, das keinen einzigen Erfolg vorzuweisen habe. Das fernöstliche Land läßt sich die Erdbeben-Forschung einiges kosten, weil es besonders schlimm unter den Erschütterungen zu leiden hat. Japanische Banken haben vorgerechnet, daß ein schweres Erdbeben in Tokio, wie es in naher Zukunft erwartet wird, so verheerende Schäden anrichten wird, daß sogar die Weltwirtschaft aus dem Lot geriete.

Die Krux: Jedes Erdbeben hat seinen eigenen Charakter – und folgt chaotischen Gesetzen, die kaum berechenbar sind. Oft genügt ein winziger Anlaß, um die Katastrophe spontan auszulösen. Das können Gezeitenkräfte sein, die unermüdlich die harte Erdkruste durchwalken, ein starker Regenguß, der Wasser ins Gestein schwemmt, oder ein aufgestauter Fluß. Auch ein Erdbeben kann weitere Erdbeben initiieren. Das Landers-Beben, das am 28. Juni 1992 weite Teile Südkaliforniens erschütterte, hat noch im 1250 Kilometer entfernten Yellowstone-Park Erschütterungen losgetreten. Als hätte jemand einen Schalter angeknipst, begann der ganze Westen der USA zu vibrieren.

Nicht nur in Japan und China macht sich Frustration breit, auch in den Vereinigten Staaten bleiben die erhofften Fortschritte aus. In Parkfield treten die Forscher seit Jahren auf der Stelle. Als sich in der observierten Region einige schwache Erdbeben ereigneten, blieben die Geräte weitgehend stumm – kaum Spuren von den erwarteten Dilatanz-Phänomenen, von Bodenhebungen, Grundwasserschwankungen, Gasaustritten oder Veränderungen des Bodenwiderstands. Dabei war das Beobachtungsnetz dicht geknüpft.

Nicht dicht genug, meint Prof. Jochen Zschau vom Potsdamer Geoforschungszentrum. Der deutsche Geophysiker vermutet, daß es im Untergrund zwar bei jedem Erdbeben zu Dilatanz kommt, aber nur auf engstem Raum, so daß die Signale meist durch die Maschen rutschen. Schon eine einzige Felsnase, meint er, könne ein Erdbeben auslösen. Sie verhake die beiden Bruchflächen ineinander und bringe so die gewaltige Lokomotive der tektonischen Plattendrift weiträumig zum Stehen. Wenn die Störung sehr klein ist, gibt es in größerer Entfernung nichts zu messen. Zschau geht deshalb einen anderen Weg, setzt vor allem auf unmerkliche Erschütterungen, die das Gestein ständig knistern lassen. Diese Mikrobeben haben noch die größte Fernwirkung.

Schon seit Jahren ist bekannt, daß sich die Mikrobebentätigkeit Tage und Stunden vor einem Erdbeben verstärkt und sich am Ort des späteren Bebenzentrums konzentriert. Sie «clustert», wie Experten sagen – und führt die Wissenschaftler damit geradewegs zum Brennpunkt der Gefahr. Zschau hat ein aufwendiges Computerprogramm entwickelt, das rasch und zielsicher diesen Ort ermittelt. Seine «Seismolap»-Methode ist eine der wenigen Lichtblicke in der Vorhersage-Forschung. Schon jetzt kann der engagierte Wissenschaftler erstaunliche Erfolge vorweisen: Bei der – nachträglichen – Auswertung des Armenien-Bebens von 1988 stieß er ebenso auf das Mikrobeben-Drehbuch wie bei vielen schwachen Beben in der Türkei, wo sein Team seit Anfang der achtziger Jahre jede Vibration registriert. Auch Daten aus Parkfield bestätigen die Erfolgsaussichten der Methode. Zschau fand sogar eine Möglichkeit, die Stärke eines Bebens im Voraus abschätzen zu können. Wochen und Monate vor jedem Erdbeben, noch vor dem Clustern, läßt die Mikrobebentätigkeit zunächst nach – die sprichwörtliche Ruhe vor dem Sturm. Die seismische Ruhe, so scheint es, dauert um so länger, je stärker die nachfolgende Erschütterung ist.

Trotz aller Erfolge warnt der Geophysiker vor allzu großen Hoffnungen. Noch steckt das Verfahren in den Kinderschuhen, ist aus dem Stadium der Grundlagenforschung nicht hinausgewachsen. Bevor an eine Anwendung auch nur zu denken ist, muß es sich in weiteren Erdbebengebieten mit ihren unterschiedlichen tektonischen Gegebenheiten bewähren. Auch gibt es einige wenige Erdbeben, die nicht in das Bild der Theorie passen. Obendrein fehlt noch der Schritt zu einer echten Vorhersage. Bisher hat Zschau mit seinen Berechnungen jeweils erst begonnen, wenn das Erdbeben längst vorbei war.

Sollte die Methode alle Hürden nehmen und tatsächlich einmal für einen Warndienst genutzt werden, wäre ein dichtes und aufwendiges Meßnetz erforderlich, das sich mancher Staat gar nicht leisten kann. Selbst reiche Nationen wie die Vereinigten Staaten könnten nur ausgewählte Gefahrenzonen ausreichend bestücken – und gäben sich damit empfindliche Blößen. Denn manchmal toben Erdbeben weitab der gefährlichen Plattenränder wie 1356 in Basel, 1886 in Charleston im US-Staat South Carolina oder am 30. September 1993 im Südwesten Indiens. Erdbeben innerhalb der kontinentalen Kruste sind zwar selten, aber mitunter sehr heftig, weil die massive Gesteinsdecke eine hohe Spannung aufbauen kann, bevor sie bricht.

Aber vielleicht findet sich eines Tages sogar für dieses Problem eine Lösung. Mit der Radarinterferometrie könnte es möglich werden, aus dem Weltraum brisante Gebiete aufzuspüren, unter denen sich Unheil zusammenbraut. An diesen Stellen ließen sich dann Seismometer plazieren, die die Gefahr im Auge behalten. Die Radarinterferometrie liefert ein Bild aller Verschiebungen der Erdoberfläche, mithin der Plattendrift. Bei dem aufwendigen – und längst noch nicht ausgereiften – Verfahren werden zwei Radaraufnahmen überlagert, die ein Satellit im Abstand von Wochen oder Monaten geschossen hat. Es entsteht ein Interferenzbild, das alle Verschiebungen millimetergenau aufzeigt. Mit einer kontinuierlichen Beobachtung weiter Gebiete ließen sich mit dieser Methode die brisanten Seismic-gaps aufspüren, jene Zonen, in denen Plattenränder zum Stehen kommen, weil sie sich ineinander verhaken.

Aber das alles ist noch Zukunftsmusik. Solange die Vorhersageforschung noch in den Grundlagen stochert, bleibt die Vorsorge das einzige Mittel, sich gegen die Naturgewalten zu wappnen. Ingenieure haben inzwischen gelernt, erdbebensicher zu bauen. Welche Erfolge sie damit erzielen, läßt sich immer wieder eindrucksvoll ablesen: In den reichen Industrienationen mit ihren stabilen Gebäuden sterben viel weniger Menschen bei Erdbeben als in Entwicklungsländern, die sich diesen Luxus nicht leisten können. Auch ein reibungslos funktionierender Katastrophendienst und ein gut organisiertes Informationssystem können Menschenleben retten. In vielen Gefahrengebieten lernen Anwohner inzwischen, wie sie sich im Ernstfall verhalten müssen. Manchmal genügt es, sich rasch in einen Türrahmen zu stellen oder unter einen massiven Tisch zu kriechen, um mit heiler Haut davonzukommen.

Die moderne Technik gibt den Helfern einen weiteren Trumpf in die Hand. Erdbebenwellen breiten sich wesentlich langsamer aus als ein elektrisches Signal. Die Japaner nutzen diese Zeitdifferenz, die eine Vorwarnzeit von einigen Sekunden ermöglicht, seit mehr als zwanzig Jahren. Bei jedem starken Erdbeben lassen Sensoren, die in der Nähe des Herds stehen, automatisch die Bremsen des besonders gefährdeten Hochgeschwindigkeitszuges «Shinkansen» kreischen. In Mexiko-City wurde 1993 ein Alarmsystem installiert, das sogar automatisch Warnungen über Rundfunk und Fernsehen verbreitet. Da zwischen der Metropole und der Erdbebenregion mindestens 400 Kilometer liegen, beträgt die Vorwarnzeit 50 Sekunden. Die knappe Minute, so hoffen die Verantwortlichen, wird verhindern, daß sich das Desaster vom September 1985 wiederholt. Damals starben in Mexiko-City bei einem Erdbeben der Magnitude 8,1 rund 10000 Menschen.

Kapitel 14
Konstruierte Sicherheit

Ingenieure machen Gebäude erdbebenfest

In einer großen, ungeheizten Halle auf dem Gelände der Technischen Hochschule Darmstadt: Professor Jack Bouwkamp vom Institut für Stahlbau und Werkstoffmechanik hat einen Großversuch vorbereitet, zu dem er nicht nur seine Studenten, sondern auch Journalisten eingeladen hat. Die Veranstaltung verheißt ein ungewöhnliches Spektakel. Fest verschraubt mit dem massiven Hallenboden, ragt ein klobiges Skelett aus Stahl und Beton mehr als fünf Meter in die Höhe: das maßstabsgetreue Segment eines Hochhauses, zwei Stockwerke hoch. Bouwkamp hat es aufgebaut, um es zu zerstören – gewaltsam. Zwei gewaltige Hydraulikpressen, jeweils 100 Tonnen schubstark, nehmen den verschraubten und verschweißten Rahmen in die Mangel. Sie simulieren die Kräfte, mit denen ein Erdbeben an einem Gebäude rüttelt. Es geht bei diesem Versuch um Erdbebensicherheit.

Um 11 Uhr setzen sich die Pressen in Bewegung. Gemächlich, mit einer Geschwindigkeit von drei Millimetern pro Sekunde, fahren die glänzenden Kolben heraus. Kaum sichtbar drükken sie den großen Rahmen zur Seite, einen Zentimeter nur. Dann ziehen sie sich wieder zurück. Bei der nächsten Attacke stoßen sie bereits zwei Zentimeter vor – und lassen wieder los. Nach jeder Entspannung legen sie sich kräftiger ins Zeug, bald vier Zentimeter, sieben, dreizehn und mehr. Das Erdbeben findet gewissermaßen in Zeitlupe statt. Die schrecklichen Sekunden werden im Labor auf Stunden gestreckt, spannen auch die Zuschauer auf die Folter.

Der Rahmen läßt sich die Torturen zunächst nicht anmerken. Nach jeder gewaltsamen Auslenkung richtet er sich wieder auf, als sei nichts gewesen, kehrt wie ein Stehaufmännchen in die Lotrechte zurück. Der Stahl ist elastisch genug, um in Form zu bleiben. Erst als die Pressen – es ist bereits 13 Uhr – 25 Zentimeter weit herausfahren, zeigt die Konstruktion Wirkung: Schraubenköpfe fliegen mit lautem Knall davon, Stahlträger biegen sich bedrohlich, Beton knistert und reißt auf, wobei handtellergroße Placken herausplatzen. Aber der Rahmen stürzt nicht zusammen. Nicht einmal, als er einen halben Meter zur Seite gedrückt wird. Allerdings gibt das malträtierte Material nun so bedrohliche Geräusche von sich, daß Bouwkamp auf den roten Knopf drückt und die Schau beendet. Ein Kollaps wäre zu gefährlich, selbst unter diesen kontrollierten Bedingungen. Die umstehenden Menschen könnten von umherfliegenden Splittern verletzt werden.

Was Ende 1990 Darmstädter Studenten faszinierte, erfüllt einen lebenswichtigen Zweck. Immer wieder sterben Tausende von Menschen, weil Gebäude, in denen sie wohnen und arbeiten, unter der Gewalt von Erdstößen zusammenstürzen. Teure Versuche wie dieser dienen dazu, Häuser erdbebenfest zu machen. Der junge Wissenschaftszweig der Erdbeben-Ingenieure hat in den letzten Jahrzehnten beachtliche Fortschritte erzielt. Vor allem der Bau von Kernkraftwerken gab der Disziplin einen gehörigen Schub. Denn die empfindlichen und gefährlichen Meiler müssen gegen alle erdenklichen Belastungen gefeit sein, auch gegen Erdstöße. Inzwischen gehört erdbebensicheres Bauen weitgehend zum Standard der Ingenieurskunst und ist in erster Linie eine Frage der Kosten. Die Experten haben ihre Lektion nicht nur im Labor und am Schreibtisch gelernt, sondern auch – und vor allem – aus Katastrophen. Besonders das Erdbeben von Mexiko am 19. September 1985, bei dem rund 10000 Menschen starben, lieferte reichhaltiges Anschauungsmaterial.

Was sich dort ereignete, schien zunächst jeder Logik zu widersprechen: Obwohl das Epizentrum an der Pazifik-Küste lag, wurde die Hauptstadt Mexiko-City, fast 400 Kilometer entfernt, am schlimmsten verwüstet. Dort wüteten die Stöße aber nicht flächendeckend, sondern pickten sich einzelne Gebäude heraus –

als sei eine höhere Gewalt gezielt ans Werk gegangen. Die Schäden konzentrierten sich auf die Innenstadt, wo vor allem 7- bis 15stökkige Hochhäuser einstürzten. Der rund 150 Meter hohe «Torre Latino Americana» überstand das Beben ebenso unbeschadet wie die malerischen, aber baufälligen zwei- bis vierstöckigen Gebäude aus der Kolonialzeit. Auch die Kathedrale aus dem sechzehnten Jahrhundert sowie die vielen alten Kirchen und der prächtige Nationalpalast blieben erhalten. In den Randbezirken der Metropole blieb sogar fast alles heil, kamen die Menschen mit dem Schrecken davon.

Wissenschaftler, die in Scharen anreisten, fanden bald eine plausible Erklärung für das mysteriöse Zerstörungsmuster. Sie mußten allerdings tief in der Stadtgeschichte wühlen: Die Stadt liegt in einem flachen Hochlandbecken, das früher größtenteils von einem See bedeckt war. Der spanische Konquistator Hernando Cortés hat diese ursprüngliche Landschaft noch kennengelernt, als er vor einem halben Jahrtausend mit seinen Kriegern anrückte. Schon damals gab es hier eine Stadt: Tenochtitlan, die Hauptstadt des Aztekenreiches. Sie lag auf einer Insel, geschützt vom Wasser des großen Sees. Mit weit über 100000 Einwohnern und einem enormen Reichtum konnte sie sich mit allen Großstädten der Alten Welt messen. Cortés zerstörte diese geschäftige Metropole und zog auf den Ruinen eine neue Stadt im Kolonialstil hoch. In den folgenden Jahrhunderten wucherte Mexiko-City wie ein Krebsgeschwulst. Die Insel wurde rasch zu klein, und die Einwohner legten immer wieder große Flächen des Sees trocken, um Platz für die rasch wachsende Bevölkerung zu schaffen – eine folgenschwere Entwicklung.

Denn am Grund des Sees hatte sich eine 30 Meter mächtige, sehr weiche Tonschicht abgelagert, die bei jedem Erdbeben wie ein Wackelpudding vibriert. Sie schwingt im Rhythmus ihrer Eigenfrequenz. Aus dem breiten Spektrum der ankommenden Erdbebenwellen fischt sie diese eine Frequenz heraus und verstärkt sie. Die kritische Periode beträgt etwa zwei Sekunden. An dem verhängnisvollen Septembertag schwankte der Boden eine Minute lang im Zwei-Sekunden-Takt bis zu 40 Zentimeter hin und her. Für Häuser mit derselben Eigenfrequenz gab es keine Rettung. Sie vollführten einen wilden Tanz, legten sich mit jeder Sekunde schiefer, bis sie gegen die Nachbargebäude krachten und schließlich wie Kartenhäuser zusammenfielen. Das waren vor allem Bauwerke mit 7 bis 15 Geschossen. Niedrigere und höhere Gebäude gerieten nicht in Resonanz und überstanden im allgemeinen den Veitstanz.

Resonanz und Eigenfrequenz sind die Schlüssel für das Rätsel der ungewöhnlichen Zerstörungsmuster. Nur die alten Stadtteile, die auf dem Grund des ehemaligen Sees standen, wurden heftig durchgeschüttelt. Die Erdstöße waren hier drei- bis fünfmal intensiver als in den Außenbezirken auf den umliegenden Hängen, wo die Häuser auf robustem Fels gründeten.

Was in Mexiko so eindrucksvoll zu beobachten war, gilt auch in anderen Ländern: Eine weiche Bodenschicht kann die Gewalt aufschaukeln. Das bekamen die Einwohner von San Francisco am 17. Oktober 1985 zu spüren, als ein Erdbeben die tiefgelegenen Stadtteile in der Nähe der Bucht zerstörte, wo Schlammablagerungen und weicher Tonschiefer als Resonanzkörper wirkten. Die Schwingungen waren hier so heftig, daß ein zwei Kilometer langer Abschnitt der doppelstöckigen Stadtautobahn zusammenstürzte und zahlreiche Autos unter sich begrub. Auch in Deutschland mit seinen schwachen Erdbeben macht sich der «Mexiko-City-Effekt» bemerkbar. Als 1978 auf der Schwäbischen Alb die Erde schwankte, beschränkten sich die Schäden auf Häuser, die in Talauen auf weichem Untergrund standen.

Natürlich kann ein Erdbeben auch ohne Aufschaukelung schwere Schäden anrichten. Jede Erschütterung stellt ein Gebäude vor eine harte Bewährungsprobe – vor allem wegen der tückischen Horizontalbeschleunigungen. Die Erde bäumt sich nicht nur auf, sondern wälzt sich auch hin und her. Nach einer Faustregel sind die horizontalen Kräfte sogar doppelt so groß wie die vertikalen. Bei einem starken Erdbeben wird ein Gebäude mit solcher Gewalt zur Seite gestoßen, als würde es auf einem Sportwagen durch eine scharfe Kurve getragen. Häuser, Brücken und Fabriken, die bekanntlich wenig Ähnlichkeit mit Autos haben, vertragen solche Seitenhiebe nur schlecht. Sie sind vor allem dafür konzipiert, vertikale Kräfte – Eigengewicht und Auflasten – abzutragen.

Doch mit einigem Aufwand läßt sich auch solchen Attacken beikommen. Es gilt, ein Gebäude so steif zu machen, daß es nirgendwo auseinanderbricht. Für eine Aussteifung gibt es eine Reihe bewährter Methoden: Beim alten Fachwerkhaus ist es der Diagonalbalken, der für Stabilität sorgt. Dem modernen Stahlbetonbau geben meist Aufzugsschächte oder Wände, die vom Fundament bis unters Dach reichen und mit den Decken fest verbunden sind, die nötige Steifigkeit. Mit jedem Zentimeter, den diese Wände dicker werden, mit jedem zusätzlichen Bewehrungsstab wächst die Erdbebensicherheit. Daneben haben Ingenieure für sämtliche Bauwerkstypen und Bauteile noch andere Vorkehrungen ausgetüftelt, die Schutz bieten. Wer sich an die Regeln und Kniffe hält, kann jedes Gebäude, selbst einen Wolkenkratzer, so bemessen, daß es eine Erschütterung ohne Einsturz übersteht.

Die Sicherheit hat ihren Preis: Beim Neubau muß man mit einem Aufschlag von rund fünf Prozent der Bausumme rechnen. Freilich wäre es unnötig, überall – auch in erdbebensicheren Gebieten – denselben Aufwand zu treiben. Es hieße, mit Kanonen auf Spatzen zu schießen, würde man in Frankfurt oder München ebenso strenge Maßstäbe anlegen wie in den erdbebengefährdeten Metropolen Los Angeles oder Tokio. Die Ingenieure nehmen deshalb das jeweilige Erdbebenrisiko zum Maß ihrer Anstrengungen. Die stärksten Erdstöße, mit denen innerhalb der Lebensdauer eines Gebäudes zu rechnen ist, sind ihre Richtschnur. Für weite Teile der Welt gibt es inzwischen verbindliche Karten über das jeweilige Erdbebenrisiko. Die deutschen Baunormen etwa unterscheiden sechs Gefahrenklassen, mit der höchsten Klasse im Rheingraben und auf der Schwäbischen Alb.

Bei der Abschätzung des Risikos hilft der Blick in die Vergangenheit. Die Experten gehen davon aus, daß sich der Untergrund in Zukunft ebenso verhalten wird wie in früheren Zeiten – ein Ansatz, den das Modell der Plattentektonik stützt. Es gilt also, möglichst weit zurückzuschauen und sämtliche Erdbeben der vergangenen Jahrhunderte zu ermitteln. Das ist nicht einfach, denn wissenschaftliche Aufzeichnungen gibt er erst seit rund hundert Jahren. Erst mit der Erfindung moderner Seismometer werden Bebenstärke, Hypozentrum und Bruchvorgang ermittelt, wobei die Stärke im allgemeinen in einem Wert der Richter-Magnitude angegeben wird. Charles Francis Richter hat die Skala im Jahr 1935 eingeführt, als die Geräte noch mit Tinte Zacken aufs Papier kritzelten. Der amerikanische Seismologe machte die Länge des Zeigerausschlags zum Maß der Stärke, wobei er – wegen der großen Unterschiede zwischen schwachen und starken Beben – einen logarithmischen Maßstab wählte. Ein Beben der Richter-Magnitude 8 ist dreißig mal gewaltiger als eines der Magnitude 7.

Abbildung 21
Intensität von Erdbeben nach der Mercalli-Siebert-Skala.

Intensität	Beobachtungen
1	Unmerklich, nur Seismographen registrieren die Erschütterung.
2	Nur wenige Menschen, vor allem in oberen Stockwerken von Gebäuden, spüren etwas.
3	Wenige Menschen spüren das Beben. Man meint, ein kleines Auto fahre vorüber.
4	Viele Menschen spüren etwas, Geschirr und Fenster klirren, Möbelstücke zittern.
5	Viele Schlafende wachen auf, hängende Gegenstände pendeln erheblich. Man meint, im Haus sei ein schwerer Gegenstand umgefallen.
6	Leichte Schäden am Verputz, Haustiere laufen aus den Ställen, viele Menschen erschrecken.
7	Risse in Wänden und Schornsteinen, viele Menschen haben Mühe, sich auf den Beinen zu halten.
8	Große Risse im Mauerwerk, Giebelteile und Dachsimse stürzen herab, Möbel fallen um.
9	Einige Gebäude stürzen ein, es kommt zu einzelnen Erdrutschen, Panik bricht aus.
10	Viele Gebäude stürzen ein, im Boden tun sich Spalten auf, unterirdische Leitungsrohre zerreißen.
11	Allgemeine Zerstörung, breite Spalten im Boden, zahlreiche Erdrutsche.
12	Alle Bauwerke werden vernichtet, starke Veränderungen an der Erdoberfläche, Flüsse werden umgelenkt und aufgestaut, ausgedehnte Felsstürze in den Bergen.

Für historische Beben fehlen Werte der Richter-Magnitude. Allerdings geben alte Chroniken oft einen recht detaillierten Überblick über die Schäden, die damals entstanden. Auch daraus läßt sich die Stärke ablesen und mit Erdbeben aus der jüngsten Vergangenheit vergleichen. Als Maßstab dient hier meist die Mercalli-Siebert-Skala, die Ähnlichkeiten mit den Windstärken hat. Sie reicht von der Intensität eins (unmerklich) bis zwölf (fast totale Zerstörung) und orientiert sich ausschließlich am Grad der Zerstörung, also an sichtbaren Veränderungen auf der Erdoberfläche. Zum Beispiel ist die Stärke zehn so definiert: «Die meisten gemauerten Gebäude sind zerstört, Staumauern, Dämme und Uferbefestigungen erheblich beschädigt und Hänge auf breiter Front ins Tal gerutscht. Gewässer haben hohe Wellen gegen das Ufer geschleudert.»

Manchmal haben die alten Aufzeichnungen allerdings ihre Tücken. Professor Hans Berckhemer von der Frankfurter Universität wäre vor Jahren fast einer alten Mär aufgesessen. Er suchte damals nach dem stärksten historischen Erdbeben in der Umgebung von Wackersdorf, um die Gefahr für die dort geplante Wiederaufarbeitungsanlage abzuschätzen. In einer Chronik wurde er fündig: Im Jahr 1062, hieß es da, habe ein schweres Beben Teile von Regensburg zerstört, und «glutflüssiges Feuer» sei «vom Himmel gefallen». Berckhemer irritierte nur, daß andere Quellen diese Katastrophe mit keinem Wort erwähnten. Inzwischen glaubt er den Grund zu kennen: Dem Autor ging es wohl weniger um seriöse Dokumentation als um knallige Werbung für die Kirche. Die Beschreibung der freierfundenen Gottesstrafen sollte die Schäfchen bei der Stange halten.

Selbst bei rundum verläßlichen Quellen kann der Blick in der Vergangenheit trügen. Manchmal fällt ein Erdbeben aus der Reihe und übersteigt alle vorangegangenen an Stärke. In Armenien etwa gaben die Bauvorschriften eine maximale Mercalli-Intensität von sieben und acht vor, je nach Landesteil. Das Beben, das 1988 mehr als 25000 Menschen tötete und die 30000-Einwohner-Stadt Spitak auslöschte, war aber um zwei Stufen verheerender. Indische Seismologen erlebten am 30. September 1993 eine noch bösere Überraschung, als der Südwesten des Landes zwei Minuten durchgeschüttelt wurde. Das Dekkan-Plateau, auf dem sich die Katastrophe ereignete, galt als ausgesprochen erdbebensicher. Seit Menschengedenken hatte sich hier der Untergrund nicht gerührt – abgesehen von einem Erdstoß im Jahr 1967 nach dem Bau eines Staudamms.

Aber nicht nur die falsche Einschätzung der Gefahr hatte zu den Katastrophen geführt. Indien und Armenien zeigen beispielhaft, welche fürchterlichen Folgen bauliche Mängel haben können. Obwohl beide Erdbeben mit Richter-Magnituden von 6,4 und 6,8 nicht zu den schwersten gehören, starben jeweils viele tausend Menschen. In Indien tobte das Beben in einer ländlichen Gegend, wo die Bauern es zu einem bescheidenen Wohlstand gebracht hatten. Viele hatten sich – statt der üblichen Lehmhütten – Häuser aus groben Steinblöcken und Zement gebaut. Die klobigen Heime waren zwar relativ komfortabel, boten aber keinerlei Stabilität. Schon nach Sekunden polterten die schweren Brocken herab und erschlugen jeden, der nicht das Weite gesucht hatte.

In Armenien war es kaum anders. Die Menschen lebten zwar nicht in primitiven Natursteinhäusern, aber auch ihre Gebäude waren nicht ausreichend ausgesteift, die einzelnen Elemente nur lose miteinander verbunden. In der Manier des realen Sozialismus hatten staatseigene Betriebe billige Plattenbauten aus Fertigteilen hochgezogen. Stützen, Unterzüge, Deckenplatten und Fassadenelemente wurden wie Legosteine zur fertigen Mietskaserne zusammengesetzt. Weil die Deckenplatten aber nicht ordentlich an den Auflagern befestigt waren, fielen sie bei den Erdstößen herunter – mitsamt den Menschen, die darauf wohnten. Die oberen Platten rissen die unteren mit in die Tiefe und blieben schließlich, wie dicke Sandwiches übereinandergeschichtet, am Boden liegen. Die Baufirmen, kritisierte später eine Untersuchungskommission der Regierung, hatten mit «krimineller Nachlässigkeit» gearbeitet, hatten minderwertige Baustoffe verwendet und die Qualitätsware, die eigentlich für den Bau vorgesehen war, auf dem Schwarzmarkt verhökert.

In Deutschland, wo viel strengere Normen gelten, würde ein Erdbeben vergleichbarer Stärke weit weniger Unheil anrichten. Häuser werden immer dann zur tödlichen Falle, wenn sie spontan zusammenstürzen anstatt sich zunächst zu verbiegen. Erdbebensicheres Bauen heißt, einem Gebäude die Eigenschaften einer Autokarosserie zu geben. Wände und Decken dürfen sich zwar bei starken Erschütterungen bis zur Schrottreife verformen, aber die gesamte Konstruktion muß halten und den Insassen bis zum Ende Schutz bieten. Der Versuch an der Darmstädter Hochschule ist ein Beispiel für diese Bauweise: Selbst als Schraubenköpfe durch die Luft schossen und die robusten Stahlträger wie heiße Spaghetti durchhingen, fiel die gesamte Konstruktion nicht in sich zusammen. Hätten Menschen darin gewohnt, hätten sie zwar Todesängste ausstehen müssen, wären aber mit heiler Haut davongekommen.

Es muß kein Stahl sein, der einem Gebäude die nötige Zähigkeit verleiht. Selbst Lehmhäuser lassen sich mit einfachen Mitteln – etwa mit eingelegten Pflanzenmatten oder integrierten Bambusverstrebungen – halbwegs erdbebensicher machen. Institutionen wie die «Deutsche Gesellschaft für Erdbeben-Ingenieurwesen und Baudynamik» entwickeln seit Jahren Prototypen solcher preiswerten, sicheren Häuser, die sich die Abermillionen armer Menschen in der Dritten Welt leisten können. Leider ist die Idee der «Low-Cost-Bauten» bisher über einzelne kleinere Projekte nicht hinausgekommen. Kein Wunder: Die Experten müssen nicht nur das Know-how entwickeln, sondern auch gegen zähe Traditionen ankämpfen und erhebliche Finanzmittel auftreiben. Meist stoßen sie in der Bevölkerung auf wenig Gegenliebe und müssen zunächst langwierige Überzeugungsarbeit leisten. Denn die Hungerleider plagen andere Sorgen, als sich um die Vorsorge gegen Erdbeben zu kümmern und dafür ihre altbewährten Bauweisen aufzugeben. In den Entwicklungsländern werden Erdbeben deshalb auch künftig besonders schlimm wüten und immer wieder viele Menschen töten.

Aber auch in den reichen Industrienationen sterben Menschen bei Erdbeben. Nicht nur, daß es absolute Sicherheit nirgendwo gibt. Auch gelten die strengen Baunormen im allgemeinen nur für Neubauten, nicht aber für Altbauten, die noch nach dem überholten Wissen von Anno dazumal entstanden. So zerstörte das jüngste Erdbeben in Kalifornien am 17. Januar 1994 vor allem ältere Gebäude. Obwohl das amerikanische Bundesland neben Japan die strengsten Vorschriften der Welt hat, gingen Häuser, Brücken und Schulen im Wert von rund 30 Milliarden Dollar zu Bruch. Der «Universal Buildiung Code» gilt erst seit 1975, als die meisten der nun verwüsteten Gebäude schon standen.

Eine Nachrüstung alter Bauten ist zwar technisch möglich, aber meist sehr teuer – und politisch kaum durchsetzbar. Welcher Politiker will schon einen großen Teil seiner Wähler zwingen, sich in immense Schulden zu stürzen. Mitunter werden nicht einmal die öffentlichen Gebäude auf den neuesten Stand von Technik und Vorschrift gebracht. Die doppelstöckige Autobahn von San Francisco, die «Nimitz», die 1989 auf einer Länge von zwei Kilometern zusammenstürzte, hatte längst saniert werden sollen. Statiker stritten noch, ob die Brückenkonstruktion aus den frühen fünfziger

Jahren verstärkt oder abgerissen werden solle, als die Erdstöße eine makabre und eindeutige Antwort gaben.

Gefährlich sind auch Gebäude, die bereits ein Erdbeben überstanden haben. Oft haben sie einen Knacks abbekommen, der bei einem neuerlichen Beben zum Kollaps führen kann. In Bukarest etwa versäumten die Verantwortlichen nach dem Erdbeben vom 10. November 1940 eine gründliche Sanierung. Sie kümmerten sich nur kosmetisch um die Schäden, die entstanden waren. Die Quittung bekamen sie fast vierzig Jahre später. Als am 4. März 1977 die rumänische Hauptstadt abermals kräftig durchgeschüttelt wurde, starben mehr als 1500 Menschen. Gutachter konnten später zeigen, daß 85 Prozent der eingestürzten Gebäude bereits vorgeschädigt waren. Wären sie ordentlich repariert worden, hätten viele Opfer überlebt.

Schon ein Jahrhundert vor dieser Katastrophe kam der französische Ingenieur Jules Touaillon auf die geniale Idee, ganze Gebäude auf Kugeln zu stellen, um sie gegen Stöße zu wappnen. Der Vorteil leuchtet ein: Die Erdbebenwellen würden bereits im Fundament abgefangen, Stützen, Decken und Wände blieben von der Gewalt verschont. Allerdings waren die Ingenieure zu jener Zeit noch längst nicht in der Lage, aus der Idee eine wirkungsvolle Technologie zu entwickeln. Die sogenannte Erdbebenisolierung blieb im Stadium von Konzepten und Versuchen stecken. Erst seit den achtziger Jahren, nach dem Durchbruch der Elastomere als Brückenlager, gewinnt sie an Bedeutung. Die dicken Hartgummischeiben mit massiven Stahleinlagen lassen sich wesentlich leichter handhaben als Stahlkugeln.

Inzwischen stehen weltweit schon mehr als 120 Gebäude auf elastischen Füßen. Für Furore hat vor allem das vierstöckige Gerichtsgebäude im kalifornischen Rancho Cucamonga gesorgt, das zwischen 1983 und 1985 nahe der San-Andreas-Verwerfung entstand. Kaum waren die Bauarbeiter abgezogen, wurde es bereits von einem Erdbeben der Stärke 6 auf der Richter-Skala durchgeschüttelt. Der «Test» verlief zufriedenstellend – kein Wunder, da die 98 stahlbewehrten Gummi-Lager theoretisch sogar eine Erschütterung der Magnitude 8,3 schadlos abfedern könnten.

Diese pfiffige Technik gewinnt immer mehr an Bedeutung. Bereits in 25 Ländern laufen Forschungsprogramme; allein im erdbebengeschüttelten Japan treiben elf Unternehmen die Entwicklung voran. In Kernkraftwerken mit ihren hohen Sicherheitsstandards, wo jedes starke Erdbeben eine automatische Schnellabschaltung auslöst, werden sogar einzelne Maschinenteile und Leitungen elastisch gelagert. Der Häuslebauer wird von der Technik allerdings nicht profitieren können, denn der Aufwand würde seinen Geldbeutel über Gebühr belasten. Ein weiterer Dämpfer: Beim schweren Erdbeben von Mexiko-City im Jahr 1985 hätte die Hightech-Sicherung versagt. Denn die Erdbebenbremse hilft vor allem gegen kurze, harte Stöße. Die wabbelige Tonschicht unter der Stadt, die sich selbst wie ein Gummi verhält und der Stadt einen Tanz im zwei-Sekunden-Takt aufgezwungen hat, hätte die gewünschte Wirkung zunichte gemacht. Gerade dort, wo die schlimmsten Schäden zu erwarten sind, versagen die Gummifüße. Der Darmstädter Professor Bouwkamp hat also allen Grund, seine Hochhausmodelle weiterhin mit Pressen zu malträtieren.

Kapitel 15

Vernichtende Brecher

Tsunamis – Riesenwellen laufen um die Welt

Okushiri ist eine kleine Insel im Pazifik, 61 Kilometer vor der japanischen Küste. Mit einer Fläche von 143 Quadratkilometern würde sie viermal in den Bodensee passen. Jeden Sommer schippern ein paar Touristen von Hokkaido herüber und verbringen hier ihre Ferien – ein kleines Zubrot für die Insulaner. Die 4700 Bewohner leben vor allem vom Fischfang, fahren wie zu Großvaters Zeiten mit ihren Booten aufs Meer hinaus. Reichtümer können sie damit nicht verdienen. Sie führen ein beschauliches Leben, plaudern gerne miteinander und kennen sich fast alle beim Namen – eine friedliches Fleckchen Erde. Für manche sogar zu friedlich. Viele junge Leute haben die Insel verlassen, um in der Großstadt ihr Glück zu machen.

Am späten Abend des 12. Juli 1993 war es schlagartig mit der Ruhe und Beschaulichkeit vorbei. Ein Erdbeben der Magnitude 7,8 auf der Richter-Skala, das stärkste in Japan seit 1948, schüttelte die Insel durch und brachte viele Häuser zum Einsturz. Der Schreck saß den Fischern noch in den Gliedern, da liefen einige bereits zum Hafen, um nach ihren Booten zu sehen, ihrem Kapital. Erst dort traf sie das Unglück mit seiner ganzes Wucht. Eine Flutwelle, acht Meter hoch, wälzte sich heran und erschlug sie samt ihren Booten. Selbst massive Gebäude boten gegen die Gewalt der anbrandenden Wassermassen keinen Schutz. Das «Yoyosu»-Hotel am Hafen barst und begrub Gäste und Bedienstete unter sich. Das Wasser verschlang alles, was es in den Griff bekam. Noch Tage nach der Katastrophe trieben im Meer Häuser, die von den Fundamenten gespült worden waren. Ein Tsunami war auf die Küste gelaufen. Die Erdstöße hatten den Meeresgrund erschüttert und eine gewaltige Woge losgetreten.

Okushiri ist kein Einzelfall. Immer wieder wühlen Seebeben das Wasser der Ozeane auf, manchmal heftiger noch als an jenem Julitag. Über den Pazifik, an dessen Rändern die Erde besonders häufig bebt, rollt im Mittel alle zehn Jahre eine Killerwoge. Sie kann dreißig Meter Höhe erreichen, manchmal sogar mehr, und ganze Küstenstriche planieren. Auf der japanischen Insel Honshu ertranken 1896 rund 26000 Menschen. Erst vor wenigen Jahren, 1992, wurden in Nicaragua und Indonesion zahlreiche Ortschaften von 20 Meter hohen Wellen verwüstet. Einer der schwersten Tsunamis türmte sich am 27. August 1883 auf, als der indonesische Vulkan Krakatau nach einer gewaltigen Explosion fast vollständig im Meer versank. Auf den Nachbarinseln Java und Sumatra starben damals nach offizieller Zählung mehr als 36000 Menschen in den hereinbrechenden Fluten. Die Wellen waren so gewaltig, daß sie nicht nur über den ganzen Pazifik rasten, sondern auch den Atlantik überquerten und noch im Golf von Biskaya, 17000 Kilometer entfernt, registriert wurden.

Kein Meer bleibt von Tsunamis verschont. Ein schweres Erdbeben vor Lissabon wühlte am 1. November 1755 das Wasser des östlichen Atlantik auf und schickte bis zu zehn Meter hohe Brecher gegen die Küsten. Im östlichen Mittelmeer, einer seismisch aktiven Gegend, baute sich 1956 eine Superwelle auf und richtete auf der griechischen Inselgruppe der Kykladen erhebliche Schäden an. Vermutlich war es auch ein Tsunami, der nach der Explosion des Vulkans Santorin rund 1500 vor Christus die Minoische Kultur auf Kreta auslöschte.

Den Zusammenhang zwischen Erdbeben und Flutwellen hatte schon Charles Darwin erkannt. Auf seiner Weltreise als Passagier der «Beagle» erlebte er im Februar 1835 an der Küste Chiles ein schweres Erdbeben (siehe Kapitel «Veitstanz der Erde») und staunte über die verheerende Kraft der Flutwelle. Der ganze Strand in der Umgebung von Concepción war, wie er schreibt, mit Bauholz und Hausgerät übersät, «als ob tausend Schiffe gestrandet wären». Die Wellen hatten metergroße Felsbrocken hochgeschleudert, tonnenschwere Kanonen verschoben und einen Schoner 70 Meter weit aufs Land getragen.

Darwin, der erst Tage nach der Katastrophe ankam, ließ sich von Augenzeugen den Hergang erzählen: Bald nach dem Erdstoß war die erste Welle wie eine endlose Mauer weit draußen in der Bucht zu sehen gewesen. Sie kam relativ langsam heran, so daß viele Menschen noch Zeit fanden, höhergelegenes Gelände zu erreichen. Je näher sie der Küste kam, desto steiler bäumte sie sich auf, bis sie sich schließlich mit Donnergetöse brach und aufs Land knallte. Minuten später folgte eine zweite Welle und schlug kaputt, was die erste stehengelassen hatte. Das Wellental dazwischen war so tief, daß Schiffe, die in zwölf Meter tiefem Wasser ankerten, minutenlang auf dem Trockenen lagen.

Das Epizentrum des Erdbebens befand sich damals vermutlich ganz in der Nähe der Stadt – und dennoch verstrich zwischen den Erdstößen und dem Auflaufen der Flut so viel Zeit, daß sich die Menschen in Sicherheit bringen konnten. Diese Vorwarnzeit wird inzwischen planmäßig genutzt, um Menschenleben zu retten. Bei einem weit entfernten Erdbeben können Stunden vergehen, ehe die Flut aufläuft, denn Erdbebenwellen pflanzen sich rund zwanzigmal schneller fort als Wasserwellen. Je entfernter der Bebenherd, desto größer die Chance, mit heiler Haut davonzukommen – vorausgesetzt man merkt überhaupt, daß irgendwo die Erde bebt. Ohne eine Erdbebenstation bleiben Küstenbewohner oft ahnungslos, denn die Vibrationen in der Erdkruste klingen mit der Entfernung relativ rasch ab. Ein Tsunami behält dagegen seine Brisanz, kann ganze Ozeane überqueren und noch immer verheerend zuschlagen. Erdbeben vor Alaska haben schon an den Küsten von Hawaii und Chile großen Schaden angerichtet.

Der Vulkanologe Thomas A. Jagger, der in den zwanziger Jahren auf Hawaii ein Observatorium betreute, war der erste, der dieses Wissen für eine Vorhersage nutzte. Im Jahr 1923 registrierten seine Geräte ein starkes Erdbeben, das auf der fernen Kamtschatka-Halbinsel gewütet hatte. Kaum hatte er die bedrohlichen Zacken auf dem Papierstreifen erkannt, lief er hinaus und warnte die Fischer. Er riet ihnen, mit ihren Booten aufs offene Meer hinauszufahren, weit hinter die Brandungszone. Als Stunden später die angekündigte Woge tatsächlich heranrollte, kamen die Einwohner glimpflich davon – und feierten Jagger als Held. Allerdings blätterte der Ruhm bald ab, denn mehrmals schickte der Wissenschaftler die Fischer umsonst hinaus. Obwohl die Nadeln in seinem Observatorium ausgeschlagen hatten, blieb das Meer ruhig. Die Fischer pfiffen bald auf seine Warnungen.

Der Pionier wußte noch nicht, daß längst nicht jedes Erdbeben das Meer aufwühlt. Eine Flutwelle kann nur entstehen, wenn sich ein großes Stück Meeresboden abrupt hebt oder senkt und dabei – wie ein riesiger Kolben – die auflastende Wassersäule hochdrückt oder herunterzieht. Als würde ein gewaltiges Paddel geschlagen, bilden sich dann die gefürchteten Wellen und breiten sich konzentrisch aus. Vom Weltraum aus hätte man den Eindruck, ein Stein sei in einen Teich gefallen. Keine Gefahr droht dagegen, wenn sich beim Erdbeben zwei Gesteinspakete horizontal gegeneinander verschieben, wie an der tückischen San-Andreas-Störung.

Jagger, der engagierte Selfmademan, hatte die Fischer noch auf eigene Faust gewarnt. Bis ein offizieller Warndienst gegründet wurde, vergingen Jahrzehnte. Erst eine Katastrophe überzeugte Wissenschaftler und Politiker von der Notwendigkeit einer solchen Einrichtung. In der Nacht zum 1. April 1946, der Krieg war gerade überstanden, erschütterte ein schweres Erdbeben Alaska. Der Wachhabende einer Funkfeuerstation auf einer der menschenleeren und abgeschiedenen Aleuten-Inseln notierte in seinem Logbuch: «1.30 Uhr, anhaltendes Erdbeben, keine Schäden.» Die Station stand auf einer Klippe haushoch über dem Meer.

Zwanzig Minuten nach dem Erdstoß drang plötzlich Wasser in die Räume ein. Der verstörte Funker lief mit seinen Kollegen, die längst geschlafen hatten, hinaus ins Freie, um sich auf höhergelegenem Gelände in Sicherheit zu bringen. Nach dem ersten Schrecken wunderten sich die Männer über die Dunkelheit. Ganz in der Nähe stand ein Leuchtturm, dessen grelles Licht sonst für ständige Beleuchtung gesorgt hatte. Sie vermuteten einen Stromausfall, überlegten sich, daß wahrscheinlich eingedrungenes Wasser die Elektrik lahmgelegt hatte. Erst am nächsten Morgen merkten sie, daß der massive Stahlbetonbau mitsamt seinen fünf Insassen verschwunden war. Nur noch das Fundament, ein paar Brocken Beton und verbogener Stahl waren geblieben. Obwohl der Leuchtturm elf Meter über dem Meer gestanden hatte, war er von dem Tsunami, den das Erdbeben erzeugt hatte, zertrümmert und fortgespült worden.

Das war aber erst der Anfang der Tragödie. Die verhängnisvolle Welle rollte unaufhaltsam über den Pazifik, über Tausende von Kilometern, erreichte viele Stunden später Hawaii und hatte dort noch genügend Kraft, um wie ein Berserker zu wüten. In der Bucht von Hilo bäumte sie sich zu einem 17 Meter hohen Brecher auf, schwemmte Häuser davon, drückte Eisenbahnschienen aus ihrem Schotterbett, riß eine Brücke von den Pfeilern und spülte ganze Strände davon. Das Unglück traf die Einwohner völlig unvorbereitet. Die Schäden summierten sich auf rund 26 Millionen Dollar, 173 Menschen starben. Technisch wäre es kein Problem gewesen, die Insulaner zu warnen. Es hätte genügt, wenn der Mann in der Funkfeuerstation, der ja am Draht zur Welt saß, seine Beobachtungen rechtzeitig weitergegeben hätte. Auch das Observatorium auf Hawaii hatte das Erdbeben registriert. Allerdings kümmerte sich dort niemand um die brisante Information, denn die Seismogramme wurden damals nur einmal am Tag abgelesen. Der umtriebige Jagger war längst pensioniert.

Eine solche Katastrophe, das versprachen die Verantwortlichen, sollte sich nicht wiederholen. Zwei Jahre später nahm der pazifische Tsunami-Warndienst seine Arbeit auf. Zunächst war er eine nationale Einrichtung der Vereinigten Staaten, der sich aber bald weitere Staaten anschlossen. Wegen der exponierten Lage mitten im Pazifik wurde Hawaii als Sitz der Zentrale gewählt. Kein Tsunami läßt diese Inselgruppe aus, gleichgültig, ob er von Japan, Chile oder Alaska anrollt.

Seitdem sind die Katastrophenschützer ständig in Bereitschaft. Zahlreiche Erdbebenwarten rund um den Pazifik sowie Sensoren im Meer, die den Wasserstand überwachen, stehen ihnen zur Seite. Sobald die Observatorien ein starkes Erdbeben registrieren, wird eine Pegelmeßstelle in der Nähe des Epizentrums aktiviert. Meldet sie ungewöhnliche Wasserstände, läuft der Alarm an. Der Blick aufs Meer ist auch heute noch nötig, weil aus den Seismogrammen nicht eindeutig hervorgeht, ob die Erschütterung eine Flutwelle erzeugt hat. Die seismischen Daten, die inzwischen meist digital aufgezeichnet werden, liefern lediglich so etwas wie einen Anfangsverdacht.

Dennoch ist es erstaunlich, welche Fülle von Informationen leistungsfähige Computer heutzutage in Rekordtempo aus den Aufzeichnungen herauslesen. Innerhalb von Minuten berechnen sie Stärke, Epizentrum und Tiefe des Bebens. Die Tiefe ist wichtig, weil vor allem Beben mittlerer Herdtiefe Tsunamis auslösen. Liegt der Herd dagegen weit oben, wird meist nur ein kleines Stück Meeresboden bewegt, das den gewaltigen Ozean nicht aufwühlen kann. Tiefbeben bleiben dagegen wirkungslos, weil sich die abrupte Bewegung der Gesteinspakete nicht bis zur Oberfläche durchpaust. Als kritisch gelten Herdtiefen zwischen zwanzig und fünfzig Kilometern.

Seismologen können sogar berechnen, ob sich ein Gesteinspaket vertikal verschoben hat, und um welchen Betrag. Allerdings haben sie erhebliche Probleme, wenn sie die Geschwindigkeit angeben sollen, mit der sich der Meeresboden gehoben oder gesenkt hat. Dabei spielt gerade dieser Wert eine große Rolle: Ein ruckartiger Stoß wirkt ganz anders auf das Wasser als ein behäbiges Drücken – wie jeder nachvollziehen kann, wenn er mit einem Paddel im Wasser rührt. Die langperiodigen Schwingungen im Seismogramm, die darüber etwas verraten, lassen sich nur schwer ausmachen. Vor allem in Küstennähe, wo die Brandung für ein immerwährendes Rauschen sorgt, tun sich die Seismologen damit schwer.

Wenn ein Tsunami erst einmal geortet ist, haben die Katastrophenschützer die schwierigste Hürde genommen. Der merkwürdige Charakter der Superwellen macht dann die Vorhersage zu einer exakt lösbaren Rechenaufgabe. Ein Tsunami ist schnell wie ein Düsenflugzeug und ebenso pünktlich. Seine Geschwindigkeit hängt allein von der Wassertiefe ab. In 4000 Meter tiefem Wasser erreicht er 720 Stundenkilometer, fällt der Meeresboden auf 6000 Meter ab, beschleunigt er auf 870 Stundenkilometer – fast so schnell wie der Schall. An der Küste bremst er abrupt ab. Da das Relief des Meeresbodens weitgehend bekannt ist, lassen sich die Ankunftszeiten für sämtliche Küstenabschnitte ohne weiteres ermitteln. Ein leistungsfähiger Computer braucht dafür inzwischen nur noch wenige Minuten.

Zu den Merkwürdigkeiten eines Tsunamis gehört auch, daß er auf offener See kaum zu spüren ist. So wild er sich an der Küste gebärdet, so zahm tut er im tiefen Wasser. Wenn die Unglückswelle dort eine Höhe von einem oder zwei Metern erreicht, ist es bereits ein ungwöhnlich großer und gefährlicher Tsunami. Von einem Brecher kann überhaupt nicht die Rede sein: Der Meeresspiegel hebt sich langsam, im Zeitlupentempo, und senkt sich

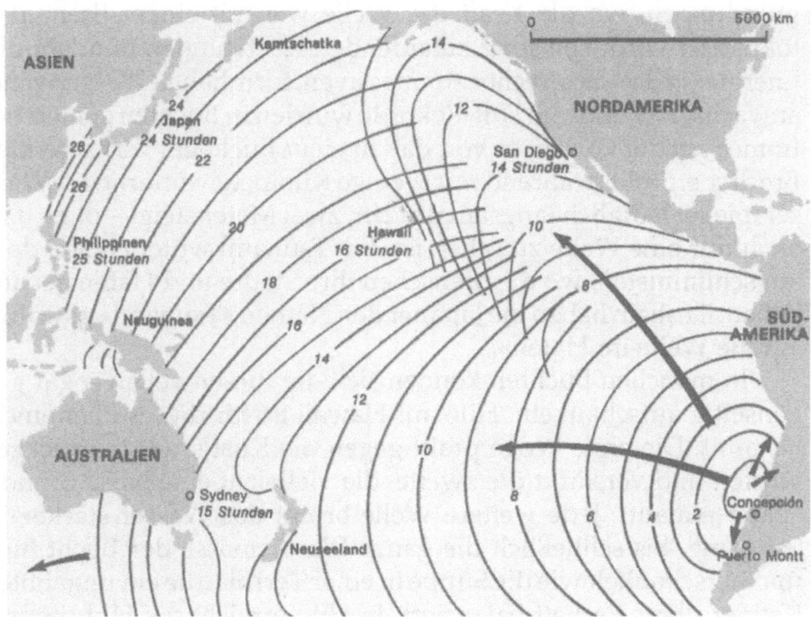

Abbildung 22
Ausbreitung eines Tsunamis im Pazifik nach dem Erdbeben vom 22. Mai 1960 in Chile.

ebenso sachte wieder. Schiffsbesatzungen bekommen von dem Spektakel nichts mit, denn die Wellenkämme liegen hundert Kilometer und mehr auseinander. Die Woge gleicht mehr dem Flutberg, den der Mond aufwirft, als der kabbeligen Windsee.

Doch die unscheinbare Wasserbeule, dieser schlafende Riese, überwindet mit unerbittlichem Vorwärtsdrang Tausende von Kilometern. Der Ozean schrumpft angesichts dieser Dimensionen zur Pfütze. Nach einem Erdbeben in Japan im Juni 1896 lief eine Flutwelle ostwärts, quer über den Pazifik, überflutete Hawaii, prallte gegen die amerikanische Küste, wurde zurückgeschleudert und raste ein zweites Mal über den Pazifik, bis nach Australien und Neuseeland. Sie war einen Tag unterwegs.

Gefährlich wird ein Tsunami erst an der Küste. Die Welle richtet sich dort zu imposanter Höhe auf und schleudert ihre ganze Kraft gegen das Festland. Kaum ein Gebäude hält der Wucht der Wassermassen stand. Besonders bedroht sind Buchten oder Flußmündungen, wo die Kraft der Welle wie mit einem Brennglas fokussiert wird. Die spitz zulaufenden Küstenlinien bündeln die Energie, so daß die Brecher zur massiven, turmhohen Wasserwand anwachsen. Sämtliche Flut-Rekorde wurden in Buchten gemessen. Immer wieder kommt es vor, daß in einer Bucht ein verheerender Brecher einrollt, während nur wenige Kilometer entfernt der Wasserspiegel lediglich langsam um ein, zwei Meter steigt – ohne daß auch nur eine Welle zu sehen ist. Ein Tsunami wütet gerade dort am schlimmsten, wo die Menschen ihre Städte und Häfen gebaut haben. Deshalb haben die Japaner den Namen «Tsunami» gewählt, «große Welle im Hafen».

In manchen Buchten können sich die Riesenwellen sogar gegenseitig aufschaukeln. Hilo auf Hawaii ist für dieses Phänomen bekannt: Die erste Woge prallt gegen die Küste, wird zurückgeworfen und verstärkt die zweite, die vielleicht eine halbe Stunde später einläuft. Jede weitere Welle bringt das Wasser stärker in Schwung, bis schließlich die ganze Wassermasse der Bucht hin- und herschaukelt wie die Suppe in einer Terrine, die ein ungeübter Kellner übers Parkett balanciert. In Hilo erreicht die Flut oft erst mit der dritten oder vierten Woge die größte Höhe, wenn andernorts längst Entwarnung gegeben wird. Erst nach Tagen kommt das träge schwingende Wasser wieder zur Ruhe.

Allerdings ist nicht einmal auf diese Resonanzkatastrophe Verlaß, denn ein Tsunami hat viele Gesichter. In San Francisco kann er ganz anders daherkommen als in Los Angeles. Auf seinem langen Weg wird er immer wieder aus der Bahn geworfen, verbogen und verändert. Inseln schwächen ihn ab oder zentrieren seine Kraft, der Kontinentalschelf zerstört einen Teil seiner Energie, die Küste reflektiert ihn. Nicht zuletzt gibt das Relief des Meeresbodens jedem einzelnen Wellenabschnitt sein eigenes Gepräge. Letztlich entscheidet der Zufall, ob die Frequenz der einlaufenden Wellen mit der Eigenfrequenz der Bucht übereinstimmt und zum Kollaps führt. Kein Wissenschaftler kann die Wellenhöhe für jede Bucht exakt vorhersagen. Es kam vor, daß zwei Tsunamis ähnlicher Größe 1946 und 1960 in Hilo mit neun und zwölf Metern Höhe gemessen wurden, in einer anderen Bucht auf derselben Inselseite aber mit achtzehn und vier Metern.

Dennoch gehört Hilo zu den Unglücks-Orten, wo immer wieder Menschen ertrinken. Selbst der Warndienst konnte die Katastrophenserie nicht beenden. Nachdem das «Tsunami Warning System» 1948 gegründet worden war, konnten die Katastrophenschützer zwar zunächst einige Erfolge verbuchen. Flutwellen im November 1952 und März 1957 verliefen glimpflich, verursachten lediglich Sachschäden. Aber im Mai 1960 gab es wieder einmal Tote in Hilo. Diesmal waren die Opfer selbst schuld, denn die Warnung kam rechtzeitig. Die Wellen waren schon 15 Stunden unterwegs, ehe sie gegen Hawaiis Küsten schlugen. Ein schweres Erdbeben vor Chile hatte den Pazifik derart aufgewühlt, daß der Tsunami sogar noch in Japan, wo er nach 22 Stunden ankam, 114 Menschen tötete. In Hilo ignorierten viele Einwohner die Anweisungen des Warndienstes und blieben in ihren Häusern. Die Unvernunft kostete 61 von ihnen das Leben, 282 Menschen wurden verletzt.

Je erfolgreicher die Warndienste arbeiten, deste mehr machen den Behörden Leichtsinn und Sensationslust zu schaffen. Nach einem schweren Erdbeben in Alaska im März 1964 lockte eine Tsunami-Warnung in Berkeley im US-Bundesstaat Kalifornien viele Einwohner an den Strand. Die Gaffer wollten das ungewöhnliche Spektakel aus nächster Nähe sehen – wie einen kostenlosen Gruselfilm. Sogar Polizisten, die sich um die Evakuierung kümmern sollten, ließen sich von der Neugierde übermannen. Sie kamen glücklicherweise mit heiler Haut davon. Aber in Crescent City, 500 Kilometer entfernt, hatte der Leichtsinn böse Folgen. Nachdem dort zwei Wellen abgelaufen waren, schien sich das Meer wieder beruhigt zu haben. Obwohl noch keine Entwarnung gegeben war, nutzten die Besitzer einer Taverne die Ruhe, um rasch ins Haus zu laufen und Wertgegenstände zu retten. Als sie sich noch einen Schnaps gönnten, ehe sie sich wieder auf den Weg machen wollten, überraschte sie die dritte, höchste Welle. Sie starben in den Wassermassen.

Die moderne Technik fördert die Sensationslust geradezu. Hatte es 1964 noch drei Stunden gedauert, bis in Kalifornien die Sirenen heulten, so gehen inzwischen schon nach wenigen Minuten die ersten Warnungen heraus. Die Japaner, die besonders schlimm unter Erdbeben leiden müssen, haben den Warndienst sogar vollautomatisiert, um Zeit zu sparen. Der Computer berechnet aus den Seismogrammen im Nu den Erdbebenherd und die Stärke des Bebens, kontrolliert die Pegelmeßstellen und unterbricht im Notfall automatisch Fernsehsendungen. Die Technik macht aus der Naturkatastrophe mitunter ein Medienspektakel, das wurde am späten Abend des 12. Juli 1993 deutlich. Eine Stimme schaltete sich plötzlich in das Programm ein: «Bitte bleiben Sie an Ihrem Gerät für eine Katastrophenmeldung. Große Springfluten werden erwartet. Jeder an den gefährdeten Küsten muß die Gegend sofort verlassen und höher gelegenes Gelände aufsuchen.»

Bald waren Landkarten auf dem Bildschirm zu sehen, auf denen die gefährdeten Küstenabschnitte in bunten Farben blinkten. Als sei es ein Fahrplan der Bundesbahn, erklärten Moderatoren, wann die Flutwelle voraussichtlich an verschiedenen Städten auflaufen wird. Die bunten Grafiken ließen vergessen, daß draußen Menschen starben. Viele Bewohner von Okushiri waren schon tot, ertrunken oder erschlagen, als das Reality-Programm lief. Für sie kamen die Warnungen zu spät, denn sie waren zu nah am Epizentrum, nicht einmal 100 Kilometer entfernt. Für eine solche Strecke braucht ein Tsunami nur wenige Minuten.

Kapitel 16

Bomben aus dem All

Im Kreuzfeuer von Meteoriten und Kometen

Der Juli 1994 war in den Kalendern der Astronomen dick angestrichen, schon Jahre vorher. In diesem Monat schwenkten weltweit alle verfügbaren Teleskope auf den Jupiter, denn dort stand ein Jahrtausendereignis bevor. Was sich dann abspielte, übertraf die hochgesteckten Erwartungen sogar noch. Zwischen dem 16. und 22. Juli 1994 schlugen auf dem Gasplaneten die Bruchstücke des kilometergroßen Kometen Shoemaker-Levy 9 ein. Ein Brocken nach dem anderen jagte mit mehr als 200000 Stundenkilometern heran und explodierte in der Atmosphäre. An den Einschlagstellen leuchteten riesige Flecken auf, teilweise größer als die Erde, und blieben stundenlang zu sehen. Innerhalb von Minuten jagte ein Hitzesturm Tausende von Kilometer weit über den Planeten. In der roten Wolkendecke breiteten sich Wellen konzentrisch aus, als hätte jemand einen Stein ins Wasser geworfen: Die Kollision hat den Riesenplaneten schwer angeschlagen.

Wissenschaftler und Amateur-Astronomen saßen bei der kosmischen Katastrophe im Logenplatz, konnten aus sicherer Entfernung von 770 Millionen Kilometern zuschauen und sich bequem im Sessel zurücklehnen. Eine trügerische Sicherheit, denn es hätte – wenn auch mit geringerer Wahrscheinlichkeit – auch die Erde erwischen können. Vor 65 Millionen Jahren ist genau das passiert: Ein Geschoß vom Kaliber zehn Kilometer raste durch die irdische Lufthülle und bohrte sich in die Erdkruste. Der kosmische

Brocken beendete mit einem Schlag das Erdmittelalter, das Mesozoikum, und läutete die Neuzeit, das Känozoikum, ein. Die Dinosaurier und viele andere Tier- und Pflanzenarten starben in dem Inferno aus. Wissenschaftler vermuten, daß sich damals etwa folgendes abspielte:

Nahezu ungebremst schoß der schwergewichtige Koloß als glühender Feuerball durch die Atmosphäre, schnell wie ein Blitz. Er schob eine Druck- und Hitzewelle vor sich her, die das Leben im Umkreis von rund 1000 Kilometern sofort auslöschte. Beim Einschlag im Meer brach die Hölle erst richtig los. Die Detonation stellte die Schrecken aller Atomwaffen weit in den Schatten. Im Explosionszentrum kletterte die Temperatur auf 100000 Grad Celsius und ließ alles verdampfen, was in der Nähe war: den Meteoriten selbst, Meerwasser und irdisches Gestein. Noch in weitem Umkreis zerbröselte der Fels unter dem höllischen Druck. Eine gewaltige Staubfontäne schoß in die Höhe. Rund 90000 Kubikkilometer Materie, mehr als die hundertfache Masse des Projektils, wurden aus dem Krater herausgeschleudert. Glutflüssige Klumpen, tonnenschwere Brocken flogen Hunderte Kilometer weit. Staub und Dampf stiegen bis zu 100 Kilometer hoch, ein Teil jagte sogar mit mehr als 40000 Stundenkilometern ins Weltall hinaus.

Zugleich erschütterte ein ungeheures Erdbeben die kreidezeitlichen Landschaften. Berghänge kamen ins Rutschen, bodenlose Risse taten sich auf, Wasserfontänen schossen aus dem Boden. Sogar die kontinentgroßen Platten der Erdkruste gerieten unter den heftigen Vibrationen aus den Fugen. Spannungen, die sich in Jahrtausenden aufgebaut hatten, entluden sich und schüttelten die Erde durch. Der kosmische Treffer knackte sogar die harte Schale der Erdkruste wie eine Nuß. Aus den Bruchstellen, die bis zum glutflüssigen Erdmantel hinabreichten, quollen endlose Lavaströme hervor. Die Wunden waren so tief, daß sie jahrtausendelang nicht verheilten. Die Lava überflutete weite Landstriche und bildete riesige Seen, die schließlich zu kilometerdicken Platten erstarrten: das Dekkan-Plateau in Indien und das Columbia-River-Plateau in den Vereinigten Staaten.

Beim Aufklatschen auf das Meer löste der Himmelskörper obendrein gewaltige Flutwellen aus. Diese Tsunamis rasten Tausende Kilometer über den Ozean und türmten sich an den Küsten zu berghohen Brechern auf. Die Wassermassen drangen tief ins

Binnenland ein, schwappten sogar über Küstengebirge hinweg. Sie hobelten den Boden bis auf den nackten Fels ab und fraßen beim Zurückströmen tiefe Canyons ins Gestein. Wo das Land trocken blieb, tobte ein Feuersturm. Die Hitzewelle, die von der Einschlagstelle heranbrauste, und der glühende Fallout vom Himmel setzten den Wald in Brand. Erst ein gewaltiger Sturzregen erstickte die Flammen. Er setzte ein, als die riesigen Dampfschwaden kondensierten, die vom Meer in die Atmosphäre gezischt waren. Wochenlang hörte der Regen nicht auf.

Dann wurde es dunkel und kalt. Der hochgeschleuderte Staub legte sich als dichter Schleier um die Erde und verschluckte für Monate das Licht. Kein wärmender Sonnenstrahl erreichte den Boden. Die Temperaturen sanken, der Regen verwandelte sich in Schnee. Wie ein Leichentuch legte sich das schmutzige Weiß auf die malträtierte Erde. Die lange Nacht wirkte verheerender auf Flora und Fauna als alle vorausgegangenen Schikanen, denn sie blieb nicht auf eine Region beschränkt: Überall auf der Welt, selbst im hintersten Winkel, verdorrte das letzte Grün, und die Nahrungsketten brachen zusammen. Unzählige Kreaturen verhungerten. Große Tiere wie die Dinosaurier, die auf gewaltige Futtermengen und hohe Temperaturen angewiesen waren, hatten keine Überlebenschance. Nur von den kleinen Arten, die sich verkriechen konnten und sich mit Kadavern und Samen zufriedengaben oder in eine Kältestarre verfielen, überlebten einzelne Exemplare. Doch auch diese Überlebenskünstler hatten noch nicht alles überstanden: Viele Jahre blieben sie Umweltgiften und schädlicher UV-Strahlung ausgesetzt. Denn der Einschlag und die Flächenbrände hatten Unmengen von Schadstoffen in die Atmosphäre geblasen, und die schützende Ozonschicht war aufgerissen.

So ähnlich könnte sich das Desaster abgespielt haben. Zwar bleiben die schrecklichen Details für immer verborgen, weil die Zeit die meisten Spuren verwischt hat. Trotzdem zweifelt kaum noch ein Forscher an einem Impakt – so nennt man den Einschlag eines großen Meteoriten – am Ende der Kreidezeit. Der Akzeptanz der These ging ein jahrelanger erbitterter Streit voraus. Der Physik-Nobelpreisträger Luis Alvarez von der University of California in Berkeley hatte ihn vom Zaum gebrochen. Zusammen mit seinem Sohn Walter, einem Geologen, und den beiden Chemikern Frank Asaro und Helen Michel veröffentlichte er 1980 einen Artikel in der

Zeitschrift «Science», in dem er einen Impakt für das große Artensterben am Kreide-Tertiär-Übergang verantwortlich machte.

Er hatte sich damit weit aus dem Fenster gelehnt, denn damals war noch nicht einmal der Krater entdeckt worden, den der Meteorit herausgesprengt hatte. Den fanden Geologen erst Jahre später im Norden der mexikanischen Halbinsel Yukatan, verborgen unter 300 bis 1100 Meter mächtigen Sedimenten. Alvarez' Indizien wogen nur Milligramm. Der Physiker stützte seine Theorie auf Funde, die er in Italien gemacht hatte. Eine Gesteinsschicht, die vor 65 Millionen Jahren abgelagert worden war, enthielt einen relativ hohen Gehalt an Iridium. Das schwere Metall ist in der Erdkruste sehr selten, gehört aber zu den typischen Bestandteilen vieler extraterrestrischer Geschosse. Bei der Detonation, so meinte Alvarez, sei Iridiumstaub durch die Luft gewirbelt und mit dem Fallout weltweit niedergerieselt.

Die Veröffentlichung schreckte Geowissenschaftler und Astronomen auf. Kaum eine andere Publikation hat jemals in den Instituten – aber auch in den Medien – für einen solchen Wirbel gesorgt. Zunächst ging ein Aufschrei der Empörung durch die Reihen der Geologen, denn in den konventionellen Denkmustern spielten Meteoriteneinschläge für die Entwicklung der Erde keine Rolle. Aber der Nobelpreisträger war zu seriös, um nicht ernst genommen zu werden. Viele Experten machten sich auf die Suche nach Beweisen für oder gegen seine ketzerische These. Sie kletterten in Steinbrüchen und Felswänden herum, schossen im Labor Hochgeschwindigkeitsprojektile in den Sand oder rechneten im stillen Kämmerlein die Folgen des Desasters durch – das Thema Meteoriteneinschläge wurde zum Dauerbrenner auf Tagungen und in Fachzeitschriften.

Inzwischen ist die Indizienkette nahezu lückenlos. Überall auf der Welt, wo Ablagerungen aus der Katastrophen-Zeit zugänglich sind, wurden Iridium-Anomalien nachgewiesen. Forscher fanden dort außerdem Spuren von Gold, Silber, Platin und Osmium in Konzentrationen, wie sie für Meteoriten üblich sind. Verräterisch waren zudem Partikel von verändertem Quarz – Coesit und Stishovit – die nur unter dem extrem hohen Druck eines Impakts entstehen können. Mitunter förderte die Spitzhacke sogar Kohlenstoff zutage: Reste der gewaltigen Feuersbrunst, die die Kreide-Wälder in Asche gelegt hatte.

Schließlich wurde auch der Krater entdeckt, der letzte Stein des Katastrophen-Puzzles. Millimetergroße Glaskügelchen wiesen den Weg: In der Nähe der Einschlagstelle häufen sich die Mini-Murmeln. Auf Haiti, rund 1500 Kilometer vom Zentrum entfernt, liegen sie bereits einen halben Meter hoch. Diese sogenannten Tektite sind Reste der Explosionswolke, die der Meteorit in den Himmel geschleudert hatte. Die aufgeschmolzenen oder verdampften Gesteinspartikel kühlten auf dem Weg zum Boden aus und erstarrten zu runden Formen. Trotz dieser Wegweiser war der Krater nur schwer zu finden, denn er liegt größtenteils am Meeresgrund und ist von mächtigen Kalkablagerungen verdeckt. Doch Schwankungen des Erdmagnetfeldes machten seine Strukturen sichtbar: einen dreifachen Ringwall mit einem Durchmesser von 180 Kilometern. Virgil Sharpton vom Lunar and Planetary Institute in Houston (Texas) will sogar einen vierten Ring mit 300 Kilometer Durchmesser aufgespürt haben.

Die Kraft, die imstande war, die Erde derart zu verformen, muß gewaltig gewesen sein. Sie übersteigt bei weitem die Schlagkraft aller Atomwaffen. Ein Geschoß vom Kaliber des Killer-Meteoriten – zehn Kilometer Durchmesser, eine Billion Tonnen Gewicht und rund 72000 Stundenkilometer Geschwindigkeit – entwickelt eine Sprengkraft von 62 Millionen Megatonnen TNT. Das entspricht der unvorstellbaren Energie von mehr als fünf Milliarden Hiroshima-Bomben.

Nicht auszudenken, wenn ein solches Geschoß heute auf der Erde einschlagen würde. Bereits in den ersten Stunden und Tagen würden viele Millionen Menschen sterben. Noch viel mehr Tote aber würde der «nukleare Winter» fordern, der unweigerlich anbrechen würde. Der Begriff geht auf den Chemiker Paul Crutzen zurück, der 1982 die Folgen eines weltweiten Atomkriegs untersucht hat. Er sagte für den nuklearen Schlagabtausch riesige Flächenbrände voraus, deren Ruß- und Qualmwolken den Himmel für lange Zeit verdunkeln würden und die Temperaturen fallen ließen.

Daß die Gefahr nicht aus der Luft gegriffen ist, zeigt schon ein Blick in die nahe Vergangenheit. Als 1815 der indonesische Vulkan Tambora explodierte und Asche bis in die obere Stratosphäre schoß, sanken in vielen Gebieten der Welt die Temperaturen empfindlich. In Westeuropa, Neuengland und Kanada ging das folgende Jahr als das «Jahr ohne Sommer» in die Chroniken ein. Schnee im Juni und Frost im August zerstörten an der amerikanischen Ostküste einen Großteil der Ernte. Viele Menschen, vor allem aus den ärmeren Schichten, hungerten. Selbst auf der Schwäbischen Alb lag in jenem Sommer Schnee. Der Einschlag eines großen Meteoriten hätte noch viel entsetzlichere Folgen. Von der Hungersnot, die dann ausbräche, bliebe kein Land und keine soziale Klasse verschont.

Ausschließen kann man eine solche Apokalypse nicht. Nach groben Schätzungen prallt etwa alle 100 Millionen Jahre ein 10-Kilometer-Koloß auf die Erde. Diese Zeitspanne ist zwar gewaltig – aber kein Grund zur Entwarnung. Denn kleinere Geschosse, die ebenfalls erheblichen Schaden anrichten können, schlagen häufiger ein. Alle 250000 Jahre ist mit dem Treffer eines kilometergroßen Meteoriten zu rechnen, und alle 250 Jahre faucht ein 50 Meter dicker Brocken heran. Die kleinste Fraktion der außerirdischen Flugobjekte gehört sogar zum irdischen Alltag: Jedes Jahr fallen rund 20000 Meteoriten, die schwerer als 200 Gramm sind, auf die Erde und jagen als glühende «Feuerkugeln» durch die Atmosphäre. Harmlose Staubteilchen und sandkorngroße Partikel rieseln ständig vom Himmel herab. Manchmal zeichnen sie als Sternschnuppen weiße Striche an den Nachthimmel. Das immerwährende Bombardement macht die Erde Tag für Tag um hundert, vielleicht sogar Tausende Tonnen schwerer.

Welche Wirkung schon ein 50 Meter dicker Brocken hat, kann man in der Wüste von Arizona, nicht weit vom Grand Canyon, studieren. Dort hat vor rund 30000 Jahren ein Eisenmeteorit den «Meteor-Crater» gesprengt, ein 175 Meter tiefes und 1200 Meter weites Loch, das Paradebeispiel eines Meteoriten-Einschlags. Der Anblick ist überwältigend, weil weder Bäume noch Büsche die harten Konturen verdecken und die Erosion noch nicht genügend Zeit hatte, das Naturdenkmal zu schleifen. Der Eisenbrocken raste vermutlich mit einer Geschwindigkeit von 70000 Stundenkilometern heran und explodierte mit der Gewalt einer Wasserstoffbombe. Noch heute ist die Umgebung mit Resten des völlig zerfetzten Himmelsgeschosses übersät. Im Umkreis von zehn Kilometern liegen Metallsplitter herum.

Nur wenige Meteoriten bestehen – wie dieser – aus Eisen und Nickel. Die meisten sind aus Stein, manche aus einem Gemisch von beidem. Sie jagen mit einer mittleren Geschwindigkeit von

90000 Stundenkilometern heran. Meist kommen sie aus dem sogenannten Asteroiden-Gürtel, einer Trümmerwolke, die zwischen Mars und Jupiter um die Sonne kreist. Im Gedrängel der abertausend Kleinplaneten, das dort herrscht, stoßen hin und wieder zwei von ihnen zusammen, deren Bruchstücke dann aus der Bahn geraten und auf Kollisionskurs zur Erde gehen können.

Auch Kometen gefährden die Erde. Diese «schmutzigen Schneebälle», wie der amerikanische Astronom Fred Whipple sie nannte, sind sehr zerbrechlich. Sie bestehen aus gefrorenem Wasser, erstarrten Gasen und Staub. Geraten sie in die Nähe der Sonne, tauen sie teilweise auf, so daß sich der charakteristische Schweif bildet. Ihre Heimat ist die sogenannte Oortsche Wolke, weit außerhalb des sonnenfernsten Planeten Pluto. Fachleute vermuten dort rund 100 Milliarden Kometen. Gerät einer davon auf Kollisionskurs mit der Erde, zerplatzt er bereits beim Anflug durch das Gravitationsfeld in tausend Stücke. Kleine Kometen verglühen dabei vollends und richten keinen Schaden an. Große Brocken wirken dagegen wie eine Schrotladung, streuen ihre Zerstörungskraft über eine weite Fläche.

Wegen ihrer Rasanz – bisweilen fliegen sie mit mehr als 200000 Stundenkilometern heran – verursachen die Bruchstücke gewaltige Detonationen. Da die Eisbrocken hoch über der Erdoberfläche explodieren, reißen sie zwar nur selten Krater auf, können aber durch die Druckwelle erheblichen Schaden anrichten. Die österreichischen Geologen Alexander und Edith Tollmann sind davon überzeugt, daß eine solche Katastrophe vor rund 10000 Jahren auf der Erde stattfand und jene Sintflut verursacht hat, von der in den Mythen fast aller Völker die Rede ist.

Bei dem Trommelfeuer außerirdischer Geschosse aus Eis, Stein und Metall müßte die Erdkruste eigentlich von Narben zerfurcht sein, zumal sie schon 4,5 Milliarden Jahre auf dem Buckel hat. Von einer Kraterlandschaft, wie man sie vom Mond her kennt, kann aber nicht die Rede sein. Bisher sind nicht einmal 150 Einschlagstellen bekannt, die meisten wurden erst in den letzten Jahrzehnten entdeckt. Viele sind mit bloßem Auge gar nicht zu erkennen, weil die Erosion die Spuren verwischt hat. Wind und Wetter zernagen die Kraterwände, die Trichter füllen sich mit Sedimenten. Schon nach wenigen Jahrmillionen erinnern nur noch sanfte Rundungen an die Katastrophe.

Auch tektonische Kräfte, die das Relief der Erde langsam aber gründlich umgestalten, verschlucken die Relikte. Die Platten der Erdkruste sind in ständiger Bewegung, tauchen untereinander ab, kollidieren miteinander oder treiben auseinander. Dabei türmen sie hohe Gebirge auf, lassen Vulkane wachsen und den Meeresboden ins Erdinnere abtauchen. Der ständige Wandel verkürzt den Blick in die Erdgeschichte erheblich. Schon nach 50 Millionen Jahren wird er sehr unscharf, nach 200 Millionen Jahren ist auf dem Meeresboden nichts mehr zu sehen. Auf den Kontinenten bleiben die Relikte zwar länger erhalten, aber es bedarf schon viel Erfahrung und technischer Hilfsmittel, um sie aufzuspüren.

Vielleicht waren es diese Selbstheilungskräfte der Erde, die den Menschen lange in trügerischer Sicherheit wiegten. Die Fachwelt verbannte die kosmische Gefahr bis in die jüngste Zeit kurzerhand in das Reich der Märchen und Mythen. Als 1807 der amerikanische Chemiker Benjamin Sillimann, Professor am renommierten Yale College in New Haven, erzählte, er habe einen Stein vom Himmel fallen sehen, handelte er sich eine Rüge des damaligen Präsidenten Thomas Jefferson ein. «Steine können nicht vom Himmel fallen», war das Credo. Hundert Jahre später, 1905, setzte der amerikanische Ingenieur Daniel M. Barringer seinen wissenschaftlichen Ruf aufs Spiel, als er den «Meteor-Crater» in Arizona dem Einschlag eines Himmelskörpers zuschrieb. Die Wissenschaft wollte damals von extraterrestrischen Geschossen nichts wissen, steckte sie in einen Topf mit Ufos und Marsmenschen. Noch in den fünfziger Jahren machten viele Geologen vulkanische Kräfte für die Entstehung von Einschlagskratern wie dem Meteor-Crater oder dem Nördlinger Ries verantwortlich.

Tatsächlich ähnelt ein verwitterter Meteoritenkrater in vieler Hinsicht einem vulkanischen Explosionstrichter. Doch inzwischen gelingt die Unterscheidung problemlos. Denn die Kräfte, die beim Einschlag auf das Gestein wirken, übersteigen erheblich die vulkanische Gewalt. Der Druck kann für Sekundenbruchteile mehr als eine Million Atmosphären erreichen, die Temparatur auf mehrere tausend Grad klettern. In einem solchen Inferno wird nicht nur der Fels zertrümmert, auch Minerale verändern ihre Kristallstruktur. Aus Quarz kann Coesit oder Stishovit werden, Graphit kann sich in Chaoit verwandeln. Auch ungewöhnliche Gläser entstehen. Forscher konnten diesen mikroskopischen Wandel, die sogenannte Stoßwellen-Metamorphose, im Labor nachstellen.

Man braucht allerdings kein Geologe oder Mineraloge zu sein, um zu erkennen, daß mit der kosmischen Gefahr nicht zu spaßen ist. Geschosse, die durchs All fliegen, machen immer wieder auf sich aufmerkam:

- Am 14. Juni 1994 bohrte sich ein Meteorit von der Größe einer Pampelmuse in eine Kuhweide nahe der kanadischen Stadt Montreal und ließ die Erde erzittern. Tausende Bürger, von dem rasenden Feuerball und der Explosion erschreckt, bestürmten die Behörden mit Fragen.
- 25 Jahre zuvor, am 8. Februar 1969, schlugen unzählige Bruchstücke eines vier Tonnen schweren Meteoriten im mexikanischen Staat Chihuahua ein. Die Brocken, die zum Glück niemanden verletzten, bombardierten eine Fläche von 250 Quadratkilometern.
- Am 12. Februar 1947 zerplatzte über dem Sikhote-Alin-Gebirge in Ostsibirien ein Meteorit, der mehrere tausend Tonnen wog. Die Bruchstücke sprengten fast 200 Krater, der größte 27 Meter im Durchmesser.
- Ebenfalls über dem menschenleeren Sibirien, nahe dem Fluß «Steinige Tunguska», explodierte am 30. Juni 1908 ein noch größerer Meteorit. Die Detonation neun Kilometer über dem Boden, deren Kraft auf rund 15 Megatonnen TNT geschätzt wird, knickte auf einer Fläche von 1000 Quadratkilometern sämtliche Bäume um und setzte sie in Brand. Noch in 1000 Kilometer Entfernung hörten Menschen den Knall, und Erdbebenwellen liefen rund um die Welt. Über bewohntem Gebiet hätte das Geschoß viele tausend Menschen getötet.
- Am 10. August 1972 wäre es fast zu einer solchen Katastrophe gekommen. Ein rund 80 Meter großer Brocken raste in nur 60 Kilometer Höhe über die Vereinigten Staaten hinweg. Viele Anwohner beobachteten fasziniert das leuchtende Objekt, das über den blauen Tageshimmel schoß – ohne zu ahnen, daß sie nur knapp einer Katastrophe entgangen waren.

Die Schreckensliste wäre noch viel länger, wenn nicht die meisten Zusammenstöße und Beinahe-Zusammenstöße unbemerkt blieben. Amerikanische Spionage-Satelliten, die eigentlich feindliche Raketen aufspüren sollten, haben zwischen 1975 und 1992 die Leuchtspuren von 136 kosmischen Trümmern registriert. Die Projektile müssen mindestens so groß wie Gartenhütten gewesen sein, denn beim Verglühen wurde jeweils eine Energie von mindestens 1000 Tonnen TNT frei. Trotzdem gab es auf der Erde keine Zeugen. Nach Ansicht des Wissenschaftlers Edward Tagliferri, der die Daten ausgewertet hat, ist das Bombardement sogar noch viel intensiver gewesen. Denn selbst den Infrarot-Sensoren der Satelliten sind wahrscheinlich vier von fünf kosmischen Treffern entgangen.

Während Astronomen noch über das Ausmaß des kosmischen Steinschlags streiten, kalkulieren andere Wissenschaftler bereits das Risiko für den einzelnen Menschen. Die Amerikaner Clark R. Chapman und David Morrison kommen auf erstaunliche Werte: Nach ihren Berechnungen, die sie Anfang 1994 im britischen Wissenschaftsmagazin «Nature» veröffentlichten, beträgt die Wahrscheinlichkeit, daß ein US-Amerikaner in 65 Lebensjahren durch einen Meteoriteneinschlag ums Leben kommt, 1 zu 20000. Die kosmische Gefahr ist demnach größer als die, bei einem Hochwasser (1 zu 30000) oder einem Tornado (1 zu 60000) sein Leben zu lassen, allerdings wesentlich geringer als im Straßenverkehr (1 zu 100) oder von Mörderhand (1 zu 300) zu sterben. Das statistische Risiko erhöht sich sogar auf 1 zu 3000, wenn schon ein 600 Meter dicker Meteorit die Erde in einen nuklearen Winter treibt. Meteoriten wären dann gefährlicher als elektrischer Strom. Stürzt aber erst ein 5-Kilometer-Brocken die Welt in Finsternis, dann sollte man sich eher vor giftigen Tieren (1 zu 100.000) in acht nehmen als vor Meteoriten (1 zu 250.000).

Bei der Explosion, die das Nördlinger Ries aus dem süddeutschen Kalk heraussprengte, blieb ein nuklearer Winter offenbar aus. Jedenfalls fehlen Anzeichen für ein Artensterben. Vor 15 Millionen Jahren schlug hier ein rund ein Kilometer dicker Brocken ein und entwickelte eine Sprengkraft von 150000 Hiroshima-Bomben. Von dem Explosionstrichter ist eine 25 Kilometer weite Senke geblieben, die Schwäbische und Fränkische Alb voneinander trennt. Das Himmelsgeschoß muß beim Eintauchen in die Atmosphäre zerbrochen sein, denn in Süddeutschland gibt es einen zweiten Krater aus derselben Zeit mit einem Durchmesser von rund vier Kilometern: das Steinheimer Becken.

Ob man sich vor solchen Attacken aus der Tiefe des Alls schützen kann, ist fraglich. Derzeit versuchen Wissenschaftler zumindest, die Gefahr ins Visier zu nehmen. Seit Jahren suchen Astronomen den Himmel gezielt nach Asteroiden ab, die der Erde in die Quere kommen können. Bis Ende 1992 haben sie 163 dieser gefährlichen «Earth-Crossers» aufgespürt, der größte immerhin rund acht Kilometer dick. Die meisten der kosmischen Bomben entziehen sich allerdings dem Blick durch die Teleskope. Man schätzt, daß rund 2500 Brocken mit mehr als einem Kilometer Durchmesser die Erdbahn kreuzen. Und rund 10000 Objekte mit mindestens 500 Meter Durchmesser können der Erde gefährlich werden. Von den Geschossen über fünfzig Metern sind es sogar 100000 bis eine Million.

Angesichts dieser zerstörerischen Armada rüsten manche Forscher inzwischen zum Gegenschlag – allen voran der amerikanische Bombenbauer Edward Teller. Er will die anfliegenden Kolosse mit Wasserstoffbomben vom Kurs abbringen. Für einen Himmelskörper von rund einem Kilometer Durchmesser, rechnet er vor, sei eine Bombe mit einer Megatonne Sprengkraft nötig. Sie soll 400 Meter über der Oberfläche des Extraterresten explodieren. Der SDI-Stratege will mehrere Atomraketen in der Erdumlaufbahn parken, um rasch und flexibel reagieren zu können.

Die umstrittene Aufrüstung gegen die kosmische Gefahr hat aber vorerst kaum Aussichten, verwirklicht zu werden. Den Fachleuten bereitet es noch erhebliche Mühe, einen Asteroiden lange vor dem Aufschlag zu orten und eine Atombombe punktgenau im Weltall zu plazieren. Zudem will niemand das teure Vorhaben bezahlen. Bevor Politiker so viel Geld in den Himmel schießen, muß ihnen schon die Angst im Nacken sitzen. Davon kann aber bislang nicht die Rede sein. Da noch niemand einen katastrophalen Meteoriten-Einschlag auf der Erde erlebt hat, fehlt den Menschen das Gefühl für die kosmische Gefahr – wie groß sie auch immer sein mag. Da müßte schon ein «Shoemaker-Levy 10» Kurs auf die Erde nehmen.

Kapitel 17

Jahresringe im Stammbaum

Katastrophen prägen die Geschichte des Lebens

In der Nacht zum 1. November 1986 schrillten auf dem Gelände des Basler Pharmakonzerns Sandoz die Alarmglocken. Eine Lagerhalle stand in Flammen. Als die Feuerwehr den Brand unter Kontrolle gebracht hatte, waren mit dem Löschwasser 30 Tonnen Schädlingsbekämpfungsmittel in den Rhein gelangt und trieben mit der Strömung flußabwärts. Das Gift richtete ein Massaker in der Tierwelt an, tötete auf mehreren hundert Kilometern fast alles Leben im Fluß. Doch zur Überraschung der Wissenschaftler waren die Folgen des Massenexitus' schon nach zwei Jahren überstanden, hatte die Zahl der Arten wieder ihre alte Größe erreicht. Die Experten können die rasche Regeneration nur damit erklären, daß die Giftwolke die Seitenarme und Buchten verschont hat. Tiere, die dort überlebten, breiteten sich rasch aus und besiedelten die verwaisten Regionen wieder.

Allerdings blieb bei den Flußbewohnern nicht alles beim Alten: Das Artenspektrum hat sich verschoben – wenn auch nur geringfügig. Einige Arten sind verschwunden, andere an ihre Stelle getreten: Die Spitze Blasenschnecke (Physella acuta) ersetzte die Moosblasenschnecke. Der Tigerflohkrebs aus Nordamerika (Gammarus tigrinus) und die asiatische Körbchenmuschel (Corbicula fluminalis), die vor dem Unfall ein Schattendasein gefristet hatten, vermehrten sich explosionsartig und verdrängten die alteingesessene Verwandtschaft. Auch ein Flohkrebs mit dem lateinischen Namen «Corophium curvispinum» nutzte die Gunst der Stunde und machte sich breit. Aus dem Niederrhein, wo er bisher in einer bescheidenen Nische gelebt hatte, drang er massenhaft in den Mittel- und Oberrhein vor.

All diese Veränderungen bleiben auf Dauer bestehen, sind irreversibel. Das Sandoz-Jahr ist eine Zeitmarke, die noch nach vielen Jahrtausenden nachweisbar sein wird. Fossilien, die dann in den Flußsedimenten gefunden werden, lassen sich in die Zeit vor und nach dem Chemie-Unfall einteilen. Ein solcher Riß in der Fossilienüberlieferung ist typisch für einen Vorgang, der sich im Laufe der Erdgeschichte immer wieder abgespielt hat. Dabei ging es oft nicht nur um ein paar neue Schneckenhäuser und Muschelschalen wie bei dieser anthropogenen Katastrophe, sondern um einen grundlegenden Wandel in der belebten Natur. Manchmal verschwanden innerhalb kurzer Zeit ganze Lebensgemeinschaften, geriet die gesamte Tier- und Pflanzenwelt weltweit durcheinander. Paläontologen, die dem versteinerten Leben auf der Spur sind, sprechen von Massenaussterben. Wenn sie sich mit Schaufel und Hacke in die Vergangenheit graben, stoßen sie immer wieder auf solche abrupten Wechsel: Fossilien, die in der älteren Gesteinsschicht dominieren, fehlen in der jüngeren und sind durch andere ersetzt. In der Entwicklung des Lebens gab es offenbar Sprünge.

Beim bekanntesten Massenaussterben verschwanden die Dinosaurier, nachdem sie rund 140 Millionen Jahre die Erde beherrscht hatten. Mit ihnen gingen, so schätzt man, zwischen 60 und 80 Prozent aller Arten zugrunde. Kein großes Tier mit einem Gewicht von mehr als rund 25 Kilogramm überlebte das Desaster vor 65 Millionen Jahren. Sämtliche Meeressaurier – ob Plesiosaurier, Mosasaurier oder Ichthyosaurier – starben aus, ebenso die vorher so erfolgreichen Ammoniten und fast das gesamte Plankton. Auch die Säugetiere, die im Schatten der Dinosaurier klein und unbedeutend geblieben waren, mußten schwere Verluste hinnehmen. Die Ordnung der Beuteltiere entging nur knapp ihrem endgültigen Ende. Dennoch überlebten genug Säugetiere, um in der anbrechenden Erdneuzeit die Vorherrschaft zu übernehmen. Sie besetzten all die Nischen, die mit dem Untergang der Dinosaurier frei geworden waren, und entwickelten sich rasch zur dominanten Klasse. Am – vorläufigen – Ende dieser Entwicklung steht der Mensch. Er gehört damit zu den Nutznießern der Katastrophe vor 65 Millionen Jahren.

Das Desaster, bei dem die Dinosaurier vom Erdboden verschwanden, ist nur eines von fünf großen Massenaussterben. Das Ordovizium, eine Epoche im frühen Erdaltertum, endete vor 440 Millionen Jahren ebenso mit einem Massenexitus wie die Trias vor 210 Millionen Jahren. Auch im späten Devon, vor 370 Millionen Jahren, gab es eine Katastrophe, wie Paläontologen aus den versteinerten Resten von Tieren und Pflanzen rekonstruiert haben. Der gravierendste Wandel aber vollzog sich am Ende des Perm vor 250 Millionen Jahren, als so viele Tier- und Pflanzengattungen ausstarben wie niemals sonst. Das Erdaltertum verabschiedete sich mit einem Paukenschlag: Paläontologen schätzen, daß damals plötzlich 90, vielleicht sogar 96 Prozent aller Arten verschwanden. Trilobiten, Urflügler und Stachelhaie gingen mit allen ihren Vertretern unter. Aus einer Überfülle an Leben, das sich vor allem in den Meeren getummelt hatte, wurde eine öde Wüste. Noch viele Millionen Jahre später war die Erde verwaist, lebten im Wasser und an Land nur wenige Lebewesen – darunter Newcomer wie Flugsaurier, Fischsaurier, erste Säugetiere und Schildkröten.

Das Kommen und Gehen von Lebewesen, vor allem das sporadische Massensterben, beflügelt seit Jahrhunderten den Forschergeist. Daß Tiere und Pflanzen im Laufe der Zeit verschwinden, ist nicht ungewöhnlich. Von den unzähligen Arten, die jemals auf der Welt gelebt haben, sind mindestens 99,999 Prozent ausgestorben. Die belebte Natur wandelt sich ständig, läßt ununterbrochen Geschöpfe entstehen und vergehen. Experten sprechen von Hintergrundaussterben. Beim Massenaussterben kommt dieser gewohnte Rhythmus durcheinander, schnellt die Aussterberate plötzlich steil in die Höhe. Allerdings können die Paläontologen nicht sagen, wie lange die destruktiven Phasen jeweils gedauert haben, ob wenige Jahre, einige Jahrtausende oder vielleicht sogar Jahrmillionen. In den Sedimenten, wo Zehntausende von Jahren zu Millimetern schrumpfen, läßt sich die Zeit nicht hoch genug auflösen, um ein punktförmiges Ereignis eindeutig nachweisen zu können. Die Zeitspanne spielt jedoch eine entscheidende Rolle, will man dem Rätsel der biologischen Zäsuren auf die Spur kommen. Es geht vor allem um die Frage: Hat eine Katastrophe wie ein Meteoriteneinschlag den Tod gebracht? Oder handelt es sich

Abbildung 23
Geologische Zeittafel mit den großen Aussterbeereignissen. Die Länge der Pfeile entspricht etwa dem Umfang des Aussterbens.

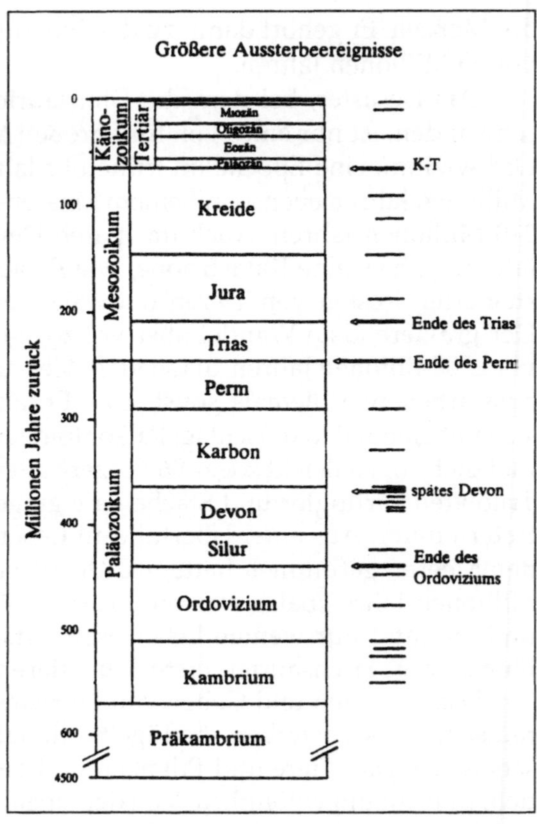

um eine schleichende Entwicklung – vergleichbar dem Artenschwund in der Gegenwart?

Im 17. und 18. Jahrhundert, als man die Bibel noch wörtlich nahm und Fossilien im Kuriositätenkabinett verstauben ließ, fiel die Antwort leicht: Was sonst außer der Sintflut, der Strafe Gottes, konnte die Erde verwüstet haben? Damals war nicht von Aussterben, sondern von Sterben die Rede, denn Gottes Geschöpfe, so hieß es, vergehen und wandeln sich nicht. William Whiston, Mathematikprofessor in Cambridge und Lehrstuhl-Nachfolger von Isaac Newton, berechnete das Datum der Katastrophe: Herbst des Jahres 2349 vor Christus. Ein Komet, erläuterte der bibelfeste Mann 1696 in einer Abhandlung, sei damals nahe an der Erde vorbeigeflogen, habe die Ozeane aufgewühlt und aus seinem Schweif gewaltige Wassermassen über die Kontinente geschüttet. Sein Kollege, der englische Physikprofessor John Woodward, brachte die Paläontologie ins göttliche Strafgericht. Berghohe Brecher, die an die Küsten schlugen, meinte er, schleuderten unzählige Meerestiere hoch aufs Land und drückten sie in das Gestein, wo sie als Fossilien erhalten blieben. Auch Ungeheuer und riesenhafte Lebewesen sollen in den Fluten den Tod gefunden haben – so erklärte das Mitglied der renommierten Royal Society die gewaltigen Dinosaurierknochen, von denen damals schon einige gefunden worden waren.

Wer zu Whistons und Woodwards Zeiten keine Sanktionen riskieren wollte, hielt sich bei der Interpretation von Fossilien streng an die Schöpfungsgeschichte. Das Universum, so rechnete die Fachwelt penibel aus Angaben im Alten Testament zurück, war vor 6000 Jahren entstanden, die ersten Lebewesen erblickten ein paar Tage später das Licht der Welt. Erst an der Wende vom 18. zum 19. Jahrhundert konnte sich die Geologie aus dem Griff der Kirche lösen. Emanzipierte Wissenschaftler erkannten, daß die Erde sehr viel älter ist als ein paar tausend Jahre. Heute wissen wir, daß sie vor rund 4,5 Milliarden Jahren entstand, das erste Leben, noch mikroskopisch klein, rund eine Milliarde Jahre später.

Vom dogmatischen Ballast befreit, machten die Geowissenschaften in jener Zeit rasante Fortschritte: William Smith lieferte mit der ersten brauchbaren Stratigraphie ein Handwerkszeug, um die Erdgeschichte chronologisch zu ordnen. Er erkannte, daß Sedimente, die sich nacheinander absetzen, gleichsam ein Tagebuch der Erde schreiben. Der Blick in den Untergrund, in immer tiefere Gesteinsschichten, ist zugleich ein Blick in die Vergangenheit – in die steinerne Zeit. Bei der Stratigraphie werden einzelne Gesteinshorizonte bestimmten Epochen der Erdgeschichte zugeordnet, so daß Raum und Zeit verschmelzen. Sogenannte Leitfossilien, an denen man die Epochen erkennen kann, liefern die Seitenzahl des Tagebuchs.

Mit der Etablierung der modernen Geologie entbrannte ein Streit, wie sich die Lebewesen entwickelt haben. Während konservative Wissenschaftler Katastrophen wie die Sintflut für den Wandel verantwortlich machten, sprachen progressive Kollegen von einer langsamen, stetigen Entwicklung – von Evolution, wie der Prozeß später genannt werden sollte. Der wissenschaftliche Disput eskalierte Anfang des 19. Jahrhunderts, als zwei kluge Köpfe aneinandergerieten: Georges Cuvier und Charles Lyell. Der Franzose

Cuvier, ein verdienter Anatom, der erstmals Baupläne lebender und fossiler Tiere miteinander verglich, gehörte zu den Vertretern der Katastrophentheorie. In den Steinbrüchen bei Paris, wo er schürfte und forschte, stieß er immer wieder auf messerscharfe Zäsuren: Gesteinsschichten, die unmittelbar übereinander lagen, enthielten grundverschiedene fossile Lebensgemeinschaften. Nicht der kleinste Übergang sprach dafür, daß sich der Wandel schrittweise vollzogen haben könnte. Cuvier schloß daraus, daß die Erde immer wieder von verheerenden Vernichtungswellen heimgesucht worden war, zuletzt von der Sintflut. Nach jeder Katastrophe, so meinte er, blühte das Leben wieder auf. Aus anderen Weltgegenden wanderten neue Arten ein, die sich – da stand Cuvier noch in der Tradition seiner gottesfürchtigen Vorgänger – im Laufe der Erdgeschichte niemals veränderten.

Sein Widersacher, der schottische Geologe Charles Lyell, meinte dagegen, Wissenschaftler dürften nicht «Zuflucht zu außergewöhnlichen Agenzien nehmen». Katastrophenszenarien waren in seinen Augen unzulässige Krücken, um Wissenslücken zu kaschieren. Lyell glaubte an langsame Veränderungen, an einen schrittweisen Wandel von Arten. Jedes Lebewesen war seiner Ansicht nach im Laufe langer geologischer Zeiträume – durch Anpassung an ein verändertes Klima – aus einem anderen hervorgegangen. Lyell wunderte sich kein bißchen, daß in den Sedimenten Zwischenstufen fehlen. Warum sollten gerade diese Dokumente gefunden werden, fragte er, obwohl doch nur ganz wenige der damals lebenden Tiere als Fossilien erhalten geblieben sind? Lyell wußte zudem, daß sich das Gestein, in dem die Reste eingebettet sind, im Laufe der Erdgeschichte stark verändert hatte. Es wurde von der Verwitterung abgetragen, von tektonischen Kräften aufgefaltet, übereinandergeschoben, abgeschert. All diese Eingriffe, so Lyell, haben Lücken ins irdische Tagebuch gerissen. Von Sintfluten und anderen weltweiten Katastrophen wollte der Geologe vor allem deshalb nichts wissen, weil er sie nicht kannte. Er ließ nur solche Naturkräfte gelten, die auch gegenwärtig noch wirken, seien es Vulkanausbrüche, Erosion, Überschwemmungen, Erdbeben oder Klimaänderungen. «Aktualismus» nennen Experten diese Vorstellung.

In dem Gelehrtenstreit setzte sich Lyell durch, Cuvier verlor mit Pauken und Trompeten. Lyells Triumpf hat die Geowissenschaften bis in die Gegenwart beeinflußt – zumal Charles Darwin mit seiner Evolutionslehre die Idee stützte. Darwin konnte belegen, daß – durch natürliche Auslese – auch heute ständig neue Arten entstehen. Die berühmten «Darwin-Finken», die er auf den Galapagosinseln schoß und präparierte, hatten sich innerhalb weniger Jahrmillionen entwickelt. Ihre gemeinsamen Vorfahren waren einst vom südamerikanischen Festland 1100 Kilometer über das Meer geflogen und hatten sich auf dem weitgehend unbewohnten Archipel angesiedelt. Ohne Konkurrenz konnten die Nachkommen viele ökologische Nischen besetzen und ein breites Artenspektrum entfalten. Manche Spezies bekamen kurze, dicke Schnäbel, andere lange und spitze; die einen spezialisierten sich auf den Fang von Insekten, die anderen knackten ausschließlich Nüsse. Vampirfinken fanden sogar Gefallen daran, das Blut von Tölpeln zu trinken, zwei andere Arten lernten, mit Kaktusstacheln nach versteckten Insekten zu stochern. Indem sich die einzelnen Finken jeweils an bestimmte Umgebungen und Umstände anpaßten, wurden aus einer Art – man nennt das adaptive Radiation – in relativ kurzer Zeit dreizehn.

Mit Darwins bahnbrechenden Forschungen geriet die Katastrophentheorie vollends in Mißkredit. Bis vor wenigen Jahren riskierte ein Geowissenschaftler seinen Ruf, wenn er Massenaussterben mit Naturkatastrophen in Verbindung brachte. Für den Untergang der Dinosaurier fanden die Experten andere Ursachen: vor allem klimatische Wechselbäder und genetische Erschöpfung. Einige Paläontologen schreckten auch vor absurden Theorien nicht zurück, machten etwa mangelnde Intelligenz oder Kreislaufprobleme für das Aussterben verantwortlich. Die Kolosse, meinten sie allen Ernstes, seien so groß geworden, daß ihr Stoffwechsel zusammenbrach. Auch von Seuchen und Eierdieben war die Rede. Für ein anderes Massensterben muß sogar der Mensch herhalten. Hemmungslose Jagd, spekulieren noch heute einige Wissenschaftler, habe vor rund 10000 Jahren vielen späteiszeitlichen Tieren wie Mammuts, Wollnashörnern, Höhlenlöwen oder Riesenhirschen den Garaus gemacht – als könnten kleine Naturvölker ohne Gewehre und Kanonen ganze Tiergemeinschaften ausrotten.

Erst die amerikanischen Physiker Louis und Walter Alvarez holten die Katastrophentheorie aus der Schmuddelecke hervor. In einem weltweit beachteten Artikel machten sie 1980 den Einschlag eines Asteroiden von zehn Kilometer Durchmesser (siehe Kapitel «Bomben aus dem All») für das Sauriersterben verantwortlich. Das Geschoß, rekonstruierten sie, bohrte sich tief in die Erdkruste, löste Erdbeben, Vulkanausbrüche und Flutwellen aus und ließ einen nuklearen Winter anbrechen, in dem alle Pflanzen verdorrten. Diese Behauptung, die zunächst für einen empörten Aufschrei sorgte, entpuppte sich mit dem Auffinden immer neuer Indizien als seriöses Forschungsergebnis. Inzwischen zweifelt kaum noch ein Wissenschaftler an einer Katastrophe vor 65 Millionen Jahren. Allerdings schlucken die meisten Paläontologen die Kröte nur halbherzig: Die Dinosaurier, sagen sie, standen ohnehin vor ihrem Ende, denn ihre Artenzahl hatte sich schon viele Millionen Jahre vorher drastisch verringert, das globale Ökosystem war aus dem Gleichgewicht geraten. Der Meteorit fiel mithin in eine aussterbende Lebensgemeinschaft, setzte lediglich den furiosen Schlußpunkt.

Wie auch immer: Seit dem Alvarez-Durchbruch erkennen viele Geowissenschaftler Meteoriteneinschläge als gestaltendes Element der Erde an. Trümmer aus dem All haben wahrscheinlich nicht nur das Erdmittelalter beendet, sondern immer wieder für drastische Einschnitte in der Erdgeschichte gesorgt. Dafür sprechen viele alte Kraterstrukturen, die inzwischen gefunden wurden. Oft lassen sich die Einschläge mit einem Massenaussterben in Verbindung bringen. Das Leben, so scheint es, hat sich längst nicht so stetig entwickelt, wie Darwin und Lyell sich das vorstellten.

Sogar die Evolutionsbiologen nehmen inzwischen Abschied von der Idee des kontinuierlichen Wandels. Sie haben erkannt, daß sich innerhalb eines stabilen Ökosystems nur sehr wenig tut. Eine große, eingespielte Lebensgemeinschaft verhält sich äußerst behäbig, ihr fehlt fast jede Innovationskraft. Der Fortschritt findet an ihren Rändern statt, in abgelegenen Winkeln, wo sich isolierte Teilpopulationen in einer fremden Umgebung zurechtfinden müssen. Die Darwin-Finken, die auf der gottverlassenen Inselwelt ungewohnte Nahrungsquellen erschließen mußten, sind ein gutes Beispiel dafür. Offenbar treibt erst eine Störung, der Verlust des gewohnten Trotts, die Evolution voran. Ist ein versprengtes Häuflein erst einmal ins genetische Abseits geraten, dann legt die Natur einen großen Gang ein: In der Zeit des Umbruchs, solange das System sein Gleichgewicht noch nicht gefunden hat, verläuft die

Entwicklung sehr rasch. Innerhalb kurzer Zeit entstehen viele neue Arten und besetzen die freien Nischen – bis die Natur wieder ins Lot kommt, und eine lange Phase der Ruhe folgt.

Paläontologen können diese Vorstellung von der schubweisen und punktuellen Entwicklung («Punktualismus» oder «durchbrochenes Gleichgewicht»), deren führende Vertreter Stephen Jay Gould von der Harvard Universität und Nils Eldredge vom Museum of Natural History in New York sind, mit vielen Beobachtungen bestätigen. In den Sedimenten stoßen sie oft auf Evolutionsschübe, auf Zäsuren: Arten treten plötzlich auf und verändern sich anschließend über mehrere Jahrmillionen kein bißchen. In einer Sauropodenpopulation zum Beispiel, deren fossile Reste Robert Bakker aus dicken Gesteinspaketen in Nordamerika herausschälte, gab es über einen Zeitraum von fast einer Million Jahre keinen sichtbaren Wandel, obwohl sich der Lebensraum immer wieder drastisch verändert hatte. Dann aber tauchen unvermittelt neue Arten auf – offenbar ein Fall von punktueller Evolution.

Die biologische Entwickung ist freilich nicht – wie bei den Darwin-Finken – ausschließlich auf abgelegene Eilande angewiesen, um in Fahrt zu kommen. Überall auf der Welt, sogar mitten in ausgedehnten Wäldern, können Teilpopulationen isoliert werden und unter Anpassungsdruck geraten. Gebirge, Gletscher oder Gewässer können Tiergruppen ebenso von der großen Gemeinschaft absondern wie Wüsten oder konkurrierende Spezies. Die unüberwindlichen Barrieren entstehen, wenn das Klima aus den Fugen gerät, wenn tektonische Prozesse das Relief der Erdoberfläche verändern oder wenn fremde Arten einwandern. Auch eine Naturkatastrophe kann eine Population versprengen und Teile davon in die Enge treiben. Jede Störung im Gesamtökosystem begünstigt letztlich die Entstehung der isolierten Brutnester – und damit die punktuelle Evolution. Heutzutage bringt zum Beispiel der Mensch die Natur aus dem Lot. Er zerschneidet die Landschaft mit Straßen und Städten, vernichtet Lebensräume und löscht unzählige Arten aus. Ein schwacher Trost, daß sich nach der biologischen Verarmung wieder eine Artenvielfalt einstellen wird – denn der Aufschwung findet wahrscheinlich ohne den Menschen statt.

Die einschneidendste Störung ist freilich eine weltweite Naturkatastrophe wie der Einschlag eines großen Meteoriten. Ein solcher Schlag, der stets mit einem Massenaussterben einhergeht, kurbelt die Evolution und Artbildung besonders kräftig an. Nach dem Tod der Dinosaurier etwa entwickelten sich die Säugetiere ungeheuer rasch. Jedem großen Sterben in der Erdgeschichte folgt ein rasanter Aufschwung – ein stetes Auf und Ab. Die neuen Arten, die dabei entstehen, sind stets eine Weiterentwicklung ihrer Vorfahren. Das können Biologen eindrucksvoll belegen: Vor der Geburt muß jedes Geschöpf – gewissermaßen im Schnelldurchgang – die gesamte stammesgeschichtliche Entwicklung wiederholen. Ein menschlicher Embryo besitzt im frühen Stadium noch Kiemen und Schwanz und ist kaum von einem Fisch-Embryo zu unterscheiden. Die Evolution verläuft – was Lyell noch bestritten hatte – gerichtet und ist unumkehrbar: Jeder Wandel ist auch ein Fortschritt.

Insofern hat jede Katastrophe eine positive Seite: Sie treibt – wenn auch nur zufällig – die biologische Entwicklung voran, gibt der Natur einen Innovationsschub. Die Menschen sowie alle heute lebenden Tiere und Pflanzen würden ohne all die prähistorischen Desaster gar nicht existieren, die Welt hätte ein ganz anderes Gesicht. Vielleicht hat der Mensch sogar von einer Katastrophe profitiert, von der die meisten Wissenschaftler gar nichts wissen wollen. Die Geologen Alexander und Edith Tollmann behaupten, daß vor rund 10000 Jahren ein großer Komet auf der Erde eingeschlagen sei. Das österreichische Ehepaar hat Mythen und Legenden vieler Kulturen aus aller Welt untersucht und ist dabei auf verblüffende Parallelen gestoßen. Stets ist von einer Sintflut die Rede sowie von Feuerbällen, Flutwellen, heißem Regen, Flächenbränden und anderen Schrecken, wie sie beim Einschlag eines Himmelskörpers zu erwarten sind.

Es liegt auf der Hand, daß diese Gottesstrafen und Dämonengewalten auf ein reales Erlebnis zurückgehen. Die Tollmanns glauben, daß die Katastrophe als kollektive Erinnerung in den Mythen haften blieb. Ihre Kometen-Theorie liefert auch eine plausible Erklärung für die wissenschaftlich fundierte Beschreibung der Schöpfungsgeschichte im Alten Testament: Die Menschen hatten mit eigenen Augen gesehen, wie sich die Natur nach dem verheerenden Schlag langsam erholte, und mußten deshalb gar keine tiefschürfenden Überlegungen anstellen. Aus den Überlieferungen filterten Alexander und Edith Tollmann die glaubwürdigen Angaben heraus und rekonstruierten auf diese Weise den Hergang der Katastrophe. Sie kamen zu den Ergebnis, daß der Komet vor dem Eintauchen in die Erdatmosphäre zerbrach – ähnlich wie Shoemaker-Levy 9, der im Juli 1994 auf den Jupiter prallte. Sieben große und mehrere kleine Teile sollen die Erde getroffen haben, wobei alle großen Trümmer ins Meer stürzten. So erklären die beiden Geologen, daß kein Krater gefunden wurde.

Den meisten ihrer Kollegen ist diese geisteswissenschaftliche Beweisführung nicht geheuer. Sie lassen nicht einmal das einzige handfeste Indiz für den Crash gelten: ein Massenaussterben, dem vor allem große Tiere wie Mammut, Riesenhirsch und Riesenwisent zum Opfer fielen. Obwohl Katastrophen inzwischen wieder in Mode kommen, suchen die Experten die Ursache für das jüngste Artensterben noch immer auf der Erde selbst. Sie schwanken vor allem zwischen zwei Möglichkeiten: dem raschen nacheiszeitlichen Klimawandel und dem Jagdfieber der Menschen. Beide Theorien stehen jedoch auf wackligen Füßen. Denn einschneidende Klimaänderungen gab es in der jüngsten Erdgeschichte immer wieder, ohne daß dabei viele Arten oder Gattungen den Tod fanden. Und die Vorstellung von johlenden Menschenhorden, die in einer Art «Blitzkrieg», wie es manchmal heißt, zahlreiche Tierarten ausrotten, widerspricht dem gesunden Menschenverstand. Die wenigen Menschen, die damals lebten, waren bestimmt nicht in der Lage, mit ihren primitiven Steinwerkzeugen auf einen Schlag ihre Umwelt grundlegend zu verändern.

Daß damals vor allem die großen Tiere umkamen, stützt die These der Tollmanns. Denn beim Einschlag eines Himmelskörpers, das hat sich auch beim Dinosauriersterben gezeigt, ist Größe ein entscheidender Nachteil. Während sich kleine Tiere in Ecken und Winkel verkriechen können, sind die Giganten den Naturgewalten, vor allem der Kälte, hilflos ausgesetzt. Villeicht sträuben sich die Experten ja gegen die Tollmannsche These, weil sie sich unangenehm an alte Zeiten erinnert fühlen, als kirchentreue Männer die Sintflut noch mit der Bibel unterm Arm beschworen. Denn wie jene Bibel-Forscher gibt das Geologen-Ehepaar den Zeitpunkt der Katastrophe ganz genau an: «Um 3 Uhr früh mitteleuropäischer Zeit zu Beginn des Nordherbstes, an einem 23. September, vor 9545 plus/minus wenigen Jahren bei Neumond».

Bücher zum Thema

Wolf E. Arntz, Eberhard Fahrbach: El Niño – Klimaexperiment der Natur. Birkhäuser Verlag, Basel, Boston, Berlin 1991.

Bruce A. Bolt: Erdbeben – Eine Einführung. Springer-Verlag, Berlin, Heidelberg, New York, Tokyo 1984.

William James Burroughs: Die Weltwettermaschine – Satellitentechnik, Wettervorhersage und Klimaveränderungen. Birkhäuser Verlag, Basel, Boston, Berlin 1993.

Wallace S. Broecker: Labor Erde – Bausteine für einen lebensfreundlichen Planeten. Springer-Verlag, Berlin, Heidelberg 1994.

Robin Clarke: Wasser – Die politische, wirtschaftliche und ökologische Katastrophe und wie sie bewältigt werden kann. Piper, München 1994.

Paul J. Crutzen, Michael Müller (Herausgeber): Das Ende des blauen Planten? – Der Klimakollaps, Gefahren und Auswege. C.H.Beck'sche Verlagsbuchhandlung, München 1990.

Robert und Barbara Decker: Vulkane. Spektrum Akademischer Verlag, Heidelberg, Berlin, New York 1992.

Bernhard Edmaier, Angelika Jung-Hüttl: Vulkane – Wo die Erde Feuer und Asche spuckt. BLV, München 1994.

Niles Eldredge: Wendezeiten des Lebens – Katastrophen in Erdgeschichte und Evolution. Spektrum Akademischer Verlag, Heidelberg, Berlin, Oxford 1994.

John Firor: Herausforderung Weltklima – Ozonloch, globale Erwärmung und saurer Regen. Spektrum Akademischer Verlag, Heidelberg, Berlin, Oxford 1993.

Douglas J. Futuyma: Evolutionsbiologie. Birkhäuser Verlag, Basel, Boston, Berlin 1990.

Robert Geipel: Naturrisiken – Katastrophenbewältigung im sozialen Umfeld. Wissenschaftliche Buchgesellschaft, Darmstadt 1992.

Uwe George: Expedition in die Urwelt – Paläontologie. Die Erforschung der steinernen Zeit. GEO im Verlag Gruner und Jahr, Hamburg 1993.

Uwe George: Die Wüste – Vorstoß zu den Grenzen des Lebens. GEO im Verlag Gruner und Jahr, Hamburg 1986.

Johann Georg Goldammer: Feuer in Waldökosystemen der Tropen und Subtropen. Birkhäuser Verlag, Basel, Boston, Berlin 1993.

Andrew Goudie: Mensch und Umwelt – Eine Einführung. Spektrum Akademischer Verlag, Heidelberg, Berlin, Oxford 1994.
Stephen Jay Gould: Bravo, Brontosaurus – Die verschlungenen Wege der Naturgeschichte. Hoffmann und Campe Verlag, Hamburg 1994.
Thomas E. Graedel, Paul J. Crutzen: Chemie der Atmosphäre – Bedeutung für Klima und Umwelt. Spektrum Akademischer Verlag, Heidelberg, Berlin, Oxford 1994.
Hans Dieter Heck, Rolf Schick: Erdbebengebiet Deutschland – An der Rißnaht Europas, Bebenursachen und -abläufe. Deutsche Verlags-Anstalt, Stuttgart 1980.
Reiner Klingholz: Wahnsinn Wachstum – Wieviel Mensch erträgt die Erde? GEO im Verlag Gruner und Jahr, Hamburg 1994.
Knaurs Buch der Erde, Band 1 und 2. Droemer Knaur, München 1989.
Russell Miller: Driftende Kontinente. Time-Life, Amsterdam 1985.
Ozeane und Kontinente – Ihre Herkunft, ihre Geschichte und Struktur: Spektrum Akademischer Verlag, Heidelberg, Berlin, Oxford 1987.
Horst Rast: Vulkane und Vulkanismus. Ferdinand Enke Verlag, Stuttgart 1987.
David M. Raup: Ausgestorben – Zufall oder Vorsehung? vgs, Köln 1992.
Christine Reinke-Kunze: Alfred Wegener. Birkhäuser Verlag, Basel, Boston, Berlin 1994.
Götz Schneider: Erdbeben – Entstehung, Ausbreitung, Wirkung. Ferdinand Enke Verlag, Stuttgart 1975.
Götz Schneider: Erdbebengefährdung. Wissenschaftliche Buchgesellschaft, Darmstadt 1992.
Christian-Dietrich Schönwiese: Klimatologie. Eugen Ulmer, Stuttgart 1994.
Christian-Dietrich Schönwiese, Bernd Diekmann: Der Treibhauseffekt – Der Mensch ändert das Klima. Deutsche Verlags-Anstalt, Stuttgart 1988.
Steven M. Stanley: Historische Geologie – Eine Einführung in die Geschichte der Erde und des Lebens. Spektrum Akademischer Verlag, Heidelberg, Berlin, Oxford 1994.
John Terborgh: Lebensraum Regenwald – Zentrum biologischer Vielfalt. Spektrum Akademischer Verlag, Heidelberg, Berlin, Oxford 1993.
Alexander und Edith Tollmann: Und die Sintflut gab es doch – Vom Mythos zur historischen Wahrheit. Droemer Knaur, München 1993.
Helmut Tributsch: Wenn die Schlangen erwachen – Mysteriöse Erdbebenvorzeichen. Deutsche Verlags-Anstalt, Stuttgart 1978.
Vulkane: Time-Life, Amsterdam 1985.
Vulkanismus – Naturgewalt, Klimafaktor und kosmische Formkraft: Spektrum Akademischer Verlag, Heidelberg, Berlin, Oxford 1988.
Bryce Walker: Erdbeben. Time-Life, Amsterdam 1992.
Wolfgang Wiedlich: Kiwis aus Sibirien – Treibhauseffekt, Ozonloch und Umweltpolitik. Birkhäuser Verlag, Basel, Boston, Berlin 1991.

Bildnachweis

Schwarzweißabbildungen

Abb. 1: © Münchener Rück, München.
Abb. 2: © Thomas Heumann / Frankfurter Allgemeine Zeitung.
Abb. 3: © C.D. Keeling, Scripps Institute of Oceanography.
Abb. 4: Christian-Dietrich Schönwiese: *Klima im Wandel*, Rowohlt-Verlag, Reinbek 1994, S. 84.
Abb. 6: © Thomas Loster, München.
Abb. 7: Umweltbundesamt: Daten zur Umwelt 1992/93, Erich Schmidt Verlag, Berlin 1994.
Abb. 10: Christian-Dietrich Schönwiese: *Klima*, Meyers Forum, Bibliographisches Institut – Taschenbuchverlag, Mannheim 1994, S. 97.
Abb. 11: S. Rudberg: *Skredet i Tuve*, Svenska Turistförening Arskrift, 1978, S. 312.
Abb. 12: A. Robinson: *Earthshock – Climate, Complexity and the Forces of Nature*, Thames and Hudson Ltd., London.
Abb. 13: J.G. Goldammer: *Feuer in Waldökosystemen der Tropen und Subtropen*, Birkhäuser Verlag, Basel 1993, S. 96.
Abb. 14: J. Tuzo Wilson: *Ozeane und Kontinente*, Spektrum der Wissenschaft, Heidelberg 1987, S. 13.
Abb. 15: Steven M. Stanley: *Exploring Earth and Life through Time*, © 1993 W.H. Freeman and Company – mit freundlicher Genehmigung.
Abb. 16: C.M.R. Fowler: *The Solid Earth*, Cambridge University Press, Cambridge 1990.
Abb. 17: Bild der Wissenschaft: 10/1991, S. 71, Deutsche Verlags-Anstalt, Stuttgart.
Abb. 19: Bruce A. Bolt: *Earthquakes*, überarbeitete und aktualisierte Auflage, © 1988 W.H. Freeman and Company – mit freundlicher Genehmigung.
Abb. 22: *Das Buch der Erde*, Lexikographisches Institut, München. © VS Verlagshaus, Stuttgart.
Abb. 23: D.M. Raup: *Extinction: Bad Genes or Bad Luck?*, W.W. Norton Company Inc., New York.

Farbabbildungen

Abb. 1: © Mats Wibe Lund, Reykjavik.
Abb. 2: © S. Jonasson, Reykjavik.
Abb. 3: © NOAA/NWS (National Oceanic and Atmospheric Administration/ National Weather Service), Silver Spring.
Abb. 4: © J. Denner, NOAA/NWS.
Abb. 5: © G. Berz, München.
Abb. 6: © Jeff Vanuga, Dubois (Wyoming).
Abb. 7: © Craig Fujii / Seattle Times.
Abb. 8: © Martin Klimek, Marin Independent Journal.
Abb. 9: © Münchener Rück, München.
Abb. 10: Jonathan Blair, © National Geographic Society.
Abb. 11: © G.A. Espinosa, Mexiko.
Abb. 12: © Tom Cook, Fukosha Ltd., Tokio.

Bildrechte: Wir haben uns bemüht, wo immer möglich, von den Rechtsinhabern Abdruckgenehmigungen einzuholen. In einigen Fällen konnten Rechtsinhaber leider nicht ausfindig gemacht werden, wofür wir um Entschuldigung bitten.

Index